地域から考える環境と経済

アクティブな環境経済学入門

THINKING ABOUT ENVIRONMENT AND ECONOMY
FROM LOCAL SUSTAINABILITY

著・八木信一
関　耕平

有斐閣ストゥディア

はしがき

筆者たちが大学生の頃，環境経済学のテキストが出はじめました。それらのテキストで勉強して，環境経済学のおもしろさや魅力を感じ，環境と経済とのかかわり，環境問題・環境政策をこれまで学んできました。

また，地域という「現場」にも出向き，現場にかかわっている人たちと出会ってきました。それらの出会いを通して，テキストだけでは味わえない現場の「楽しさ」や，テキストによる学びだけでは通用しない現場の「難しさ」を感じてきました。

このような地域という現場の息吹を，読者のみなさんにも伝えたい。そして，「現場の宝庫」である地域から，環境と経済を考えるきっかけにしてほしい。この本は，そのような願いを込めて書きました。地域という現場は絶えず変化しています。テーマとの関係から書くことができなかった，見方や考え方もあります。この本で足りないことについては，読者のみなさんで補っていただければ幸いです。

こうして，この本がみなさんの前に届くまでには，いろいろな方々にお世話になりました。筆者たちが学恩を受けてきた宮本憲一先生，植田和弘先生，寺西俊一先生。企画を後押ししてくださった諸富徹先生。この本の編集担当者として，筆者たちと「三人四脚」で歩んでいただいた有斐閣・書籍編集第2部の長谷川絵里さん。そして，各章のイラストをいきいきと描いていただいた，「もう1人の著者」である同・営業部の平紘子さん。そのほか，これまでお世話になった多くの方々に，この場を借りてお礼申し上げます。

最後に，地域という現場で汗を流し，考え，悩み，それでもアクションを起こし続けている，すべての方々に敬意を表します。この本が，それらの地域の方々と読者のみなさんとの間を，少しでもよい形で近づけることができれば，これ以上にうれしいことはありません。

2019年1月

八木信一・関　耕平

著者紹介

八木（やつき）　信一（しんいち）　序章，第**1**章，第**5**章，第**7**～**10**章，Column ❺

1973年生まれ，佐賀県大和町（現佐賀市）育ち。佐世保高専・横浜国立大学卒業。京都大学大学院経済学研究科博士後期課程修了，博士（経済学）。現在，九州大学大学院経済学研究院教授。

〈おもな著作〉

『廃棄物の行財政システム』有斐閣，2004年（平成17年度廃棄物学会〔現廃棄物資源循環学会〕著作賞），『日本財政の現代史Ⅱ』（分担執筆）有斐閣，2014年，『再生可能エネルギーと地域再生』（分担執筆）日本評論社，2015年，『テキストブック現代財政学』（分担執筆）有斐閣，2016年，『入門　地域付加価値創造分析』（分担執筆）日本評論社，2019年ほか。

●読者へのメッセージ●

私たちは，「ゆりかごから墓場まで」の間に，いくつかの地域との出合いがあります。また，今日ではさまざまなツールを使って，国内外のいろいろな地域と出合うこともできます。ゆえに，地域とは出合うものであるといえるのではないでしょうか。「環境と経済」を題材としたこの本が，そのような地域との新たな出合いの1つになることができれば，うれしいです。

関（せき）　耕平（こうへい）　第**2**～**4**章，第**6**章，Column ❶（共著）

1978年生まれ，秋田県鹿角市育ち。岩手大学卒業。一橋大学大学院経済学研究科博士後期課程修了，博士（経済学）。現在，島根大学法文学部教授。

〈おもな著作〉

『Basic　地方財政論』（分担執筆）有斐閣，2013年，『三江線の過去・現在・未来』（共著）今井出版，2017年，『「教育＋若者」が切り拓く未来』（共著）今井出版，2022年，『アグロエコロジーへの転換と自治体』（編著）自治体研究社，2024年ほか。

●読者へのメッセージ●

みなさんが今後，地域へ出かけて行き，そこで見聞きする何気ない出来事を通して，ものごとの本質を感じてハッとする，そんな瞬間が増えることを願ってこの本を書きました。ところで，私は，そのオトボケぶりも含めて，ゲンバくんが自分のように思えてなりません（この本を書くなかで，彼のように成長できたか自信はないですが）。この本で学ぶことによって，みなさんがゲンバくん以上に成長できるよう願っています。

目　次

公害という原点 27

被害から始まる環境問題

廃棄物はどこへ向かうのか 49

大量廃棄社会から循環型社会へ

インフラを造り替える 187

未来への投資

ガバメントからガバナンスへ 209

みんなでアクション

Column● コラム一覧

章扉写真クレジット一覧

序　章● AFP＝時事
第 **1** 章● AFP＝時事
第 **2** 章●桑原史成氏撮影
第 **3** 章●廃棄物対策豊島住民会議提供
第 **4** 章●島根県観光連盟提供
第 **5** 章●嶋田大作氏提供
第 **6** 章●左：筆者撮影，右：鳥取県北栄町役場提供
第 **7** 章●筆者撮影
第 **8** 章● dpa/時事通信フォト
第 **9** 章●筆者撮影
第 **10** 章●見沼田んぼ福祉農園提供

各章の構成

この本では，読者のみなさんが自分で，あるいはいろいろな仲間たちと一緒に，地域から環境と経済を考えることができるよう，各章で以下のような工夫を施しています。

●写真とKEY WORDS（章扉）

各章の扉には，内容に関係する写真と，各章の**KEY WORDS**をのせています。各章の中のどこに関係する写真なのか，またなぜそれらのキーワードが重要なのかを意識しながら読んでみてください。キーワードは，本文中の初出あるいは定義してあるところで，ゴシック体（太字）になっています。なお，他の章のキーワードが出てくる場合もあります。その場合は，それらのキーワードの横に◎をつけています。

●テーマと出合う（第１節）

各章にはテーマがあります。まずは，それらのテーマと出合うところから，すべての章が始まります。この本では，大学生が体験するようなシチュエーションを踏まえ，会話を通してそれぞれのテーマと出合うことにしています。会話に登場するのは，ゲンバくん，チイキさん，そしてぽっぽー先生です。

ゲンバくん

田舎育ちで，のびのびした性格。文武両道を「自称」するも単位はぎりぎりで，体育会系のサークルも最近はさぼりがち。語学の授業で知り合ったチイキさんに，いろいろと助けられる。ぽっぽー先生の授業で，はたして変われるのか？

チイキさん

都会育ちで，ハキハキした性格。成績も優秀で，ゲンバくんをはじめ，同級生から頼られる存在。都会にはない魅力を求めて，田舎のことについても関心がある。会話の中では，ゲンバくんとぽっぽー先生との間で

「つなぎ役」をすることも，たびたび。

ぽっぽー先生

有斐閣公式キャラクター，ろけっとぽっぽーが「先生」として登場！　この本では，「環境と経済」に関する授業を担当している大学教員。研究でも，また教育でも，数多くの現場に足を踏み入れてきた，ぽっぽー先生。その経験を余すところなく，ゲンバくんやチイキさんに伝えます。

会話の内容は，**POINT** にまとめていますので，参考にしてください。

●テーマを理解する（第2節）

テーマと出合った後は，それぞれのテーマを理解することへと移ります。ここでは，テーマに沿った環境と経済とのかかわり，環境問題・環境政策について，地域におけるさまざまな事例や，それらの事例に関係する仕組みやデータなどを通して，理解を深めていきます。筆者たちがこれまでに足を運んだ地域はもちろんのこと，まだ足を運んでいない地域についても，引用・参考文献で示している本や論文などをもとに取り上げています。そして，みなさんも **WORK** で，地域における事例や，それらに関係する仕組みやデータなどを調べてみてください（なお，序章と第1章は他の章と構成が異なるので，内容が少し違います）。

●テーマを考える（第3節）

最後は，テーマについてより深く考えていきます。ここでは，「テーマを理解する」で取り上げた内容について，環境経済学，環境政策論，およびこれらに関連する授業で提供されている「見方や考え方」からとらえ直すことで，地域から環境と経済を考えていきます。そのうえで **THINK** では，みなさんにもテーマに関する「定まった答えのない」問いを考えてもらいます（なお，序章と第1章では設けていません）。

●Column

各章の内容に関係するけれども，そこには盛り込めなかった話題を取り上げています。それらは，授業では「雑談」にあたるものかもしれません。しかし，雑談が最も印象深かったという学生（あるいは卒業生）の方も多いと思いますので，決して手抜きはしていません。リラックスして読んでみてください。

●さらに学びたい人のために

各章の内容に関係した読書案内です。これらの本の中には，残念ながら今では書店にはないもの（いわゆる「絶版」）もあります。それらについては，ぜひ図書館や古本屋へ出向いて，探してみてください。そのことも，地域という現場に足を踏み入れるきっかけの１つになるでしょう。

●ウェブサポート

この本に関する補足情報を，有斐閣ホームページに掲載していきます。

http://www.yuhikaku.co.jp/static/studia_ws/index.html

本書に登場するおもな事例（ただし，序章と第1章を除く）

章	事例	場所
第2章	① 足尾鉱毒事件	栃木県足尾町（現日光市）
	② 水俣病	熊本県水俣市
	③ 福島原発事故	福島県
第3章	④ 豊島不法投棄事件	香川県土庄町豊島
	⑤ エコタウン事業	福岡県北九州市
	⑥ 生ごみ堆肥化	山形県山形市
第4章	⑦ 有機農業によるまちづくり	宮崎県綾町
	⑧ 六次産業化	島根県吉田村（現雲南市）
	⑨ いきものブランド米	新潟県佐渡市
	⑩ いきものブランド米	兵庫県豊岡市
第5章	⑪ 入山規制をめぐる争い	青森県・秋田県（白神山地周辺）
	⑫「森は海の恋人」運動	宮城県唐桑町（現気仙沼市）・岩手県室根村（現一関市）
	⑬ 漁民の森運動	北海道別海町
第6章	⑭ 核燃料サイクル施設	青森県六ヶ所村
	⑮ バイオマスエネルギーの活用	北海道下川町
第7章	⑯ 景観条例によるまちづくり	京都府京都市
	⑰ まちづくりの担い手・組織づくり	滋賀県長浜市
	⑱ まちづくりの担い手・組織づくり	長野県飯田市
第8章	⑲ 地域版キャップ・アンド・トレード	東京都
第9章	⑳ コンパクト・シティへの取り組み	富山県富山市
	㉑ スマート・シティへの取り組み	福岡県みやま市
	㉒ 大阪空港公害訴訟	大阪府豊中市・大阪府池田市・兵庫県伊丹市など
第10章	㉓ 見沼田圃の保全	埼玉県さいたま市・川口市
	㉔ 地下水の保全	熊本県熊本市など（熊本地域）
	㉕ 森林認証制度の活用	岡山県西粟倉村

CHAPTER

序　章

地域から考えるために

現場からの見取り図

リサイクルできるプラスチック製容器を回収する収集車。このような日常も，地域から考えるための現場の１つです。（東京都葛飾区，2018 年）

KEY WORDS

- □ 現　場
- □ 現場主義
- □ 地　域
- □ 都市と農村
- □ 固有性
- □ 多様性
- □ 総合性
- □ 開放性
- □ 重層性

1 テーマと出合う

テーマは現場にある！

今日の授業は，これでおしまい！　試合も近いからサークルに少し顔でも出して，それからバイトにかけ込もうかな。

ゲンバくん，お疲れさま！　ところで，前回の授業で，ぽっぽー先生がレポートで成績評価をするって言ってたけど，準備は進んでるかな？

レポートって何？　まったく記憶にないんだけど？　でも，チイキさんは着々と準備しているんだよね。テーマは何にしたの？

ぽっぽー先生が，レポートのテーマは必ず自分で決めなさいと言ってたから，教えないよ！

厳しいな～。とりあえずネットで探してみるか……。ぽっぽー先生の授業は「環境と経済」だから，関係するキーワードを適当に入れよっ

と。

それだといろんな情報が出てきて，かえって迷わないかな？　新聞の記事や授業でぽっぽー先生が紹介していた本なら，今注目されていることや，授業に関連した情報が得られるかもね。

そういう活字系，あんまり得意じゃないんだよね。体育会系のサークルだから，スッと入ってこないんだよ……。

体育会系にしては居眠り多くて，体力ないよね？　あっ，ぽっぽー先生だ。こんにちは！

はい，こんにちは！

今，ゲンバくんと，先生の授業のレポートについて話していたんですよ。いいテーマがなかなか浮かばないとかで。

確かに，授業も，新聞も，本も，ネットも，それぞれ環境と経済について知るにはいいけど，あまりピンとこないかもしれないね。そういうときには……。

そういうときには……？

「事件は会議室で起きているんじゃない！　現場で起きているんだ!!」。そう，現場から考えてみるというのも，いいと思うよ。

なるほど，現場かあ！

ぽっぽー先生，そのフレーズで年齢わかっちゃいますよね……。

POINT

- 授業中の居眠りによって，ときにレポートの課題が出されたことさえ気づかないことがありますので，注意しましょう。
- レポートのテーマを見つけるための方法はいろいろありますが，現場から考えることも１つの方法です。

2 テーマを理解する

「現場の宝庫」としての地域

テーマ，それが始まり

みなさんは，筆者たちが研究者として最初に取り上げたテーマについて，興味はありませんか。じつは，２人とも「ごみ」がテーマだったのです。このことが生まれも育ちも違う筆者たちを近づけ，この本を一緒に書くきっかけになりました。

筆者たちがごみについて研究を始めた1990年代は，不法投棄やリサイクルについて，世の中の関心が高まっていました。テレビのニュースや新聞の記事で取り上げられることも多かったのです。このようなマスメディアの情報に触れることは，大学生のみなさんがレポートや論文のテーマを決めるきっかけの１つになるでしょう。

また，みなさんの中には，大学に入学するまでに，ごみ処理施設へ見学に行った人もいるでしょう。これまでに出された宿題の中で，ごみのことを調べた人もいるでしょう。これらの施設見学や宿題も，ごみについて興味や関心を高めるきっかけになるかもしれません。

マスメディアの情報も，施設見学も，そして宿題も，いずれも他の人から与えられたものです。ですから，最初は「またかぁ」と思った人も少なくはないでしょう。けれども，きっかけは他の人から与えられたものであっても，それらの機会に接する中で，自分でもっと知りたい，自分でもっと学びたいという意欲を持つようになった人もいるのではないでしょうか。筆者たちも，他の人から与えられながら，また自分でも意欲を持ちながら，いろいろなテーマと出合い，これまで研究を続けてきました。

書を持って，現場へ出よう

それでは，自分で知りたい，自分で学びたいという意欲を持つためには，どうすればよいのでしょうか。もちろん，本もそのための大切なきっかけです。しかし，ごみなどの環境にかかわるテーマは，それらのテーマに関係する自然，ヒト，モノ，そしてそれらが存在する場所である**現場**との出合いが，本と同じくらいとても重要であると，私たちは考えます。

『書を捨てよ，町へ出よう』は，劇作家・寺山修司の本のタイトルです。しかし，本をしっかり読んで多くのことを知っていれば，現場へ出たときに多くのことを感じて，学ぶことができるのではないでしょうか。また，現場で学ぶ経験を持つことによって，本を読んだときにより深く理解できるのではないでしょうか。筆者たちは本との出合いも，また現場との出合いも，ともに大切にしたいと考えます。ですから，みなさんにこの本を通して，「書を持って，現場へ出よう」と呼びかけたいのです。

ごみ収集車に乗った経済学者

筆者たちは，ごみなどの環境にかかわるテーマを，経済学という学問から取り上げてきました。その学問を，環境経済学といいます。日本における環境経済学の始まりは，第二次世界大戦後に起こった公害の研究です。

公害に直面したとき，経済学者はどうしたのでしょうか。公害に関する情報も限られていた時代でしたので，彼らは現場へ出向き，公害がもたらした被害の実態を把握することから始めたのです。そこには，新しい問題やテーマに直面したときはまず現場へ出向くという，**現場主義**を垣間見ることができます。

このような現場主義を，ごみという環境にかかわるテーマで見せてくれた経済学者に，華山 謙（はなやまゆずる）がいます。なんと，彼はごみ収集車に乗って，ごみ問題を自分なりに把握しようとしたのです。第**3**章でも触れるように，当時，東京都は「東京ゴミ戦争」といわれるほど，深刻なごみ問題に直面していました。

Column❶　私たちの「はじめての現場」

自分が知らない現場へ出向くことは，勇気がいるし，緊張もします。はじめての現場であれば，なおさらのことです。だからこそ，今でも覚えているのかもしれません。

筆者（八木）は，関西圏にある，とあるごみ処理施設へ出向きました。このような施設は街のはずれにあることが多いのですが，そこも例外ではありませんでした。最寄り駅から地図を片手にテクテクと歩き，緊張しながら担当の方とやりとりをしました。後日，調査の結果をまとめたものに対していただいたお礼の手紙は，はじめて現場へ出向いた証しとして，今でも大切に持っています。

また，筆者（関）は，第**3**章でも取り上げる青森・岩手県境不法投棄事件の現場に入りました。県の担当者にお願いしてようやく立ち入ったその現場は，黒ずんだ水が溜（た）まってできた池のようなものがあちこちにあり，強烈な臭いが立ちこめていました。このときの経験が，ごみ問題を地域という現場から考え続けている原点となっています。

その中で，華山は3日間にわたって，それぞれタイプの異なるごみ収集車に乗り，作業を手伝い，作業員たちと語り合いながら，ごみ処理にかかる料金が妥当なのかなどの経済にも関係するテーマを見つけ，考え，そして自らの意見を示しました。

地域という現場をつかむ

ごみ収集は，環境と経済とのかかわりが見出せる1つの現場ですが，そのような現場が数多くあるのが**地域**です。つまり，地域は「現場の宝庫」なのです。それでは，なぜ地域は現場の宝庫なのでしょうか。このことを，地域の特徴から探っていきます。

ところで，地域に関する言葉として**都市**と**農村**があります。みなさんは，都市で生まれ，育ちましたか。それとも，農村で生まれ，育ちましたか。生まれと育ちのいずれかで，都市と農村をともに経験した人もいるでしょう。

CHART 図序.1 地域が備える5つの特徴

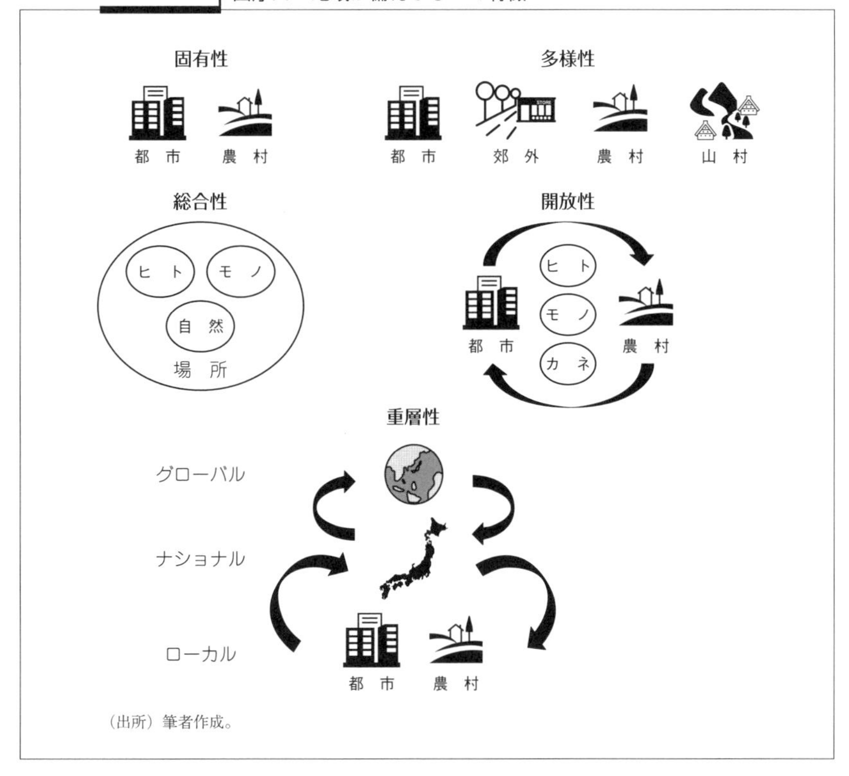

（出所）筆者作成。

このうち，都市と呼ばれるところに対しては，人がたくさんいて，高い建物も多く，鉄道やバスなども頻繁に動いているイメージを持つでしょう。他方で，農村と呼ばれるところに対しては，自然が豊かで，新鮮な食べ物が身近にあり，昔ながらの人づきあいもまだ残っているイメージを持つのではないでしょうか。このように，都市と農村はともに地域という言葉で表されますが，それぞれの特徴が異なっています。このことを**固有性**といいます。

このように固有性があることに加えて，地域の数が多くなればなるほど，さまざまな特徴を持った地域が存在することになります。先ほど述べたような都市や農村のイメージはあくまでも平均的なものですが，比べる地域の数が多くなるにつれて，都市と農村の姿はそれぞれバラエティ豊かになっていきます。このことを**多様性**といいます。また，地域の分け方には都市や農村だけでなく，都市に近いけれども，生活において自動車が欠かせない地域である郊外や，東京や大阪などの大都市とは異なった，都市と農村とが混在している地域である地方もあります。

さて，地域は自然，ヒト，モノ，そしてそれらが存在する場所が一体となって形づくられています。このことを**総合性**といいます。これまでの経済学は，この中で経済活動にかかわるヒトやモノを切り取ったうえで，いろいろなことを分析してきました。そのため，総合性を取り扱うことは，どちらかといえば不得意でした。しかし，この本ではこのような総合性も大切にしていきます。

また都市と農村は，それぞれが閉じた形で存在しているわけではありません。山から川，そして海へと至る水の循環を例とした環境においても，都市と農村との間でのヒト，モノ，カネの移動を例とした経済においても，都市と農村は互いにかかわりあいながら存在しています。これを**開放性**といいます。

最後に，経済のグローバル化が，国だけでなく，都市や農村にも関係してきていることに注目します。この本でも取り上げる，地球温暖化や有害廃棄物の越境移動などを例とした地球環境問題は，環境と経済とのかかわりが地球を対象としたグローバルな空間で現れていることを，私たちに教えてくれます。さらに重要なことは，このようなグローバルなことと，都市や農村を含んだ国というナショナルなこと，さらに都市や農村にかかわるローカルなこと，これらが相互に関係を持ってきていることです。このことを**重層性**といいます。

固有性，多様性，総合性，開放性，そして重層性。これらの特徴を，**図序.1**にまとめておきました。地域が現場の宝庫なのは，環境と経済とのかかわりにおいて，地域がこれらの特徴に満ちあふれているからなのです。

この本の見取り図を得よう

みなさんがこの本を読み，現場の宝庫である地域へ出向き，そして地域から環境と経済を考えていくことを，筆者たちは期待しています。そこに至るまでの道のりは，今のところは果てしないように思うかもしれません。でも，大丈夫。途中で寄り道をしたり，また迷い道に入り込んだりしてもいいように，この本の大まかな流れを見取り図として示しておきます。

まずこの序章では，地域という現場から環境と経済とのかかわりを考えていきましょうという，筆者たちの「気持ち」を伝えました。次の第**1**章では，環境と経済とのかかわりを理解するための「ツール」を，みなさんに提供していきます。そして第**2**章からは，地域から環境と経済を考えるための具体的なテーマに入っていきます。

第**2**章では「公害」，第**3**章では「ごみ」を取り上げます。これらのテーマは，いずれも日本の環境問題において欠かせないものであり，また今に至っても問題の現場が地域に存在しています。

第**4**章では「農」を，第**5**章では「コモンズ」を取り上げます。これらの章では，自然が育む環境や資源を用いながら，生産や生活を営んでいる地域を取り上げますが，過疎化や人口減少が進む中で厳しい状況にある，農村のこれからにもかかわるテーマです。

第**6**章では「エネルギー」，第**7**章では「まちづくり」を取り上げます。いずれも経済だけでなく，私たちの地域における生活にも深く関係するテーマです。また，これらのテーマは，どのような社会で暮らしたいのかという，私たちの価値観が問われるものでもあります。

第**8**章では「グローバルな環境問題」，第**9**章では「インフラ」を取り上げます。これらは私たちのことだけでなく，他の国のことや将来世代のことにも関係する大きなテーマですが，じつはこれらにも地域が深く絡んできます。また，第**8**章では持続可能な発展など，これ以降の章にもかかわる，近年において注目されている見方や考え方にも触れています。

そして，知って，学んだことを自らのアクションにつなげてもらうために，最後の第**10**章では「ガバナンス」を取り上げます。ガバナンスは，地域からみんなでアクションを起こすためのキーワードです。

どの章を先に読まないといけないということはありません。さあ，地域という現場から考えるための最初の一歩を，思いきって踏み出してみましょう。

WORK

① 地域の多様性をつかむために，自分が住んでいる地域におけるごみの分別数について，関心のある他の地域（できれば分別数が多いとされている地域）とあわせて調べて，さらに両者を比較してみよう。

② 地域の開放性をつかむために，各都道府県の財貨・サービスの純移出入額を調

べてみよう。

さらに学びたい人のために　Bookguide

宇井純［1997］『キミよ歩いて考えろ——ぼくの学問ができるまで』ポプラ社

→水俣病をはじめとした公害に関する研究や調査だけでなく，東京大学で開かれた自主講座「公害原論」でも注目された著者。「歩いて考えろ」というメッセージは，地域という「現場から考える」ことそのものです。

藤井誠一郎［2018］『ごみ収集という仕事——清掃車に乗って考えた地方自治』コモンズ

→本文で紹介した華山謙と同じように，しかし華山よりも長い期間にわたって，ごみ収集車に乗って現場から学問を考えた1冊。収集現場の実態だけでなく，収集業務において進んできた委託の現状についても詳しく考察しています。

宮本常一・安渓遊地［2024］『調査されるという迷惑——フィールドに出る前に読んでおく本（増補版）』みずのわ出版

→現場へ出向き，調査をすることが誰のためなのか。また，何のためなのか。「現場から考える」のための姿勢やマナーを整える1冊として，紹介しておきます。

CHAPTER

第1章

環境と経済をつかむ

「価格のつかない価値物」のとらえ方

静止気象衛星ひまわり8号が撮影した地球。地球は，「価格のつかない価値物」の中で最も大きなものです。

KEY WORDS

- □ 環　境
- □ 環境問題
- □ 市場の失敗
- □ 政府の失敗
- □ 共同体の失敗
- □ 環境政策
- □ 政策目的
- □ 最適汚染水準
- □ 政策手段
- □ 政策主体

1 テーマと出合う

▶ 環境か，それとも経済か，あるいは……

「環境と経済」でキーワードを選ぶと，こんなに本があるのか～。それにしても，本は積み重ねると重いなあ。

あれっ，ゲンバくん？　そんなにたくさん本持って，少しやる気が出てきたのかな？

チイキさん，ちょうどいいところに来てくれた！　この本を机に運ぶの手伝ってくれる？

え～，これくらいの冊数で？　本当に，体育会系のサークルに入っているのかな？

「とりあえず入っている」という感じなんだけどね……。ところで，「環境と経済」の授業のレポートだから，結論は「これからは環境を守ることが大切です」と書いておけばいいんだよね？

それって，ぽっぽー先生のご機嫌をうかがっているのかな？　でもね，そもそもなぜ環境が大切なんだろうね。みんなそのことをわかっていれば，これまで環境問題も起こっていないんじゃないの？

確かに，問題っていわれるから，こんなにたくさんの本があるんだよね。それにしても，本のタイトルを見ると，公害，ごみ，農業，エネルギーなどなど，一口に環境問題といっても，いろいろあるんだね。

そうだね。ところで，環境問題に直面していて困っている人たちがいるなら，やっぱり問題を解決しないといけないよね。さらにいうと，問題そのものを起こさないことも大事になるよね。

でも，環境を守るためにはお金もかかるから，経済にとって大きな影響が出るんじゃないの？

確かに，お金をかけずにできることは限られるかもね。でも，かつては「環境か，それとも経済か」という考え方が強かったけど，今では「環境だけでなく経済も」という考え方に変わってきているらしいよ。

へえ～，なんだか先生みたいだね，チイキさん！

今言ったこと，ぽっぽー先生の授業で勉強したことなんだけど……。

POINT

- 「環境と経済」にかかわる本は，図書館にたくさんあります。レポートの課題が出されたときには，その中でどれを選ぶのかが大事です。
- 数多くの環境問題に対して，問題の解決や，問題そのものを起こさないことが求められてきました。
- 「環境か，それとも経済か」から「環境だけでなく経済も」へと，考え方が変わってきています。

テーマを理解する

環境経済学への入り口

環境とは何か

この章では，地域から環境と経済とのかかわりを理解するためには欠かせない，見方や考え方を説明していきます。ところで，そもそも**環境**とは何でしょうか。たとえば，国語辞典の中でも有名な『広辞苑』をひもとくと，「めぐり囲む区域」をはじめとして，「囲む」という言葉がキーワードになっていることがわかります。このような「囲む」に注目した環境の意味づけは，フランス語のミリュー（Milieu）に由来します。

それでは，環境は何を囲んでいるのでしょうか。この本では，経済とのかかわりから環境をとらえていきますが，経済が人間によって営まれる活動であることを踏まえると，環境は人間を囲むものとなります。このような環境には，空気や森林などの自然はもちろんのこと，歴史的な建造物などによって形づくられる街並みや景観も含まれます。

ここで重要なことは，人間が自らの活動の中で環境に働きかけ，また変化を及ぼしてきたということです。このような働きかけや変化には，新たに環境をつくってきたことも含まれます。さらにそれらの環境は，場所が違えば異なります。そして，このような場所のとらえ方の1つとして地域があり，それが「現場の宝庫」であることは序章で述べました。

さて，環境への働きかけやそれにともなう環境の変化は，自然の制約を強く受ける農業が中心であった時代では，それほど大きなものではありませんでした。しかし，イギリスで産業革命が起こって以来，日本を含む世界の多くの国々で工業化や都市化が進み，自然の制約を超えて経済などの活動が活発になり，またそれにともなって人口や経済の規模も大きくなった結果，環境に対して多くの悪影響が及ぶようになりました。これが，環境問題といわれるものです。

環境問題とは何か

ところで，みなさんは環境問題というと，どのようなものを思い浮かべるでしょうか。公害やごみをあげる人もいるでしょうし，マスメディアで伝えられることが多い地球温暖化をあげる人もいるでしょう。**環境問題**とは，経済をはじめとした人間の活動によって，環境が備えている機能が失われることで起こります。その機能としては，以下のような３つがあります。

まず，人間の活動の結果として生じる，ごみなどの廃物を同化・吸収する機能があります。これを廃物同化・吸収機能といいます。ごみも地球温暖化も，これらが問題となるのは，排出されたごみや二酸化炭素（CO_2）などの温室効果ガスが，環境が備えているこの廃物同化・吸収機能を壊した場合です。

次に，人間の活動にとって必要な資源を供給する機能があります。これを資源供給機能といいます。たとえば，水は人間の生存にとって不可欠なものです。日本にいると，きれいな水が豊富に存在していることが，当たり前であるように思ってしまいます。しかし世界を見渡すと，アジアやアフリカをはじめとして，そのことが当たり前ではない国が依然として多いことに気づきます。

これらの機能が，環境の中でもとくに自然によってもたらされているのに対して，人間の活動が積み重ねられてきた証しである，歴史的な建造物などがもたらす機能もあります。それは人間の活動に意味を与え，また生活や文化の豊かさをもたらしますが，これをアメニティ創造機能といいます。

環境問題は，これら３つの機能が失われることによって起こります。具体的には，**図 1.1** に示しているように，廃物同化・吸収機能が失われた場合には環境汚染問題が，資源供給機能が失われた場合には自然資源保全・利用問題が，そしてアメニティ創造機能が失われた場合にはアメニティ問題が，それぞれ起こるのです。環境汚染問題はおもに第**2**章や第**3**章で，自然資源保全・利用問題はおもに第**4**章から第**6**章にかけて，そしてアメニティ問題はおもに第**7**章で，それぞれ取り上げます。もちろん，環境問題によってはこれらのうち複数の問題が同時に起こっていることにも，目を向けなければなりません。

ここまでは，環境が備えている機能が失われることによって，環境問題が起こることに注目してきました。しかし，それだけではまだ十分ではありません。

CHART 図1.1 環境が備えている機能と環境問題との関係

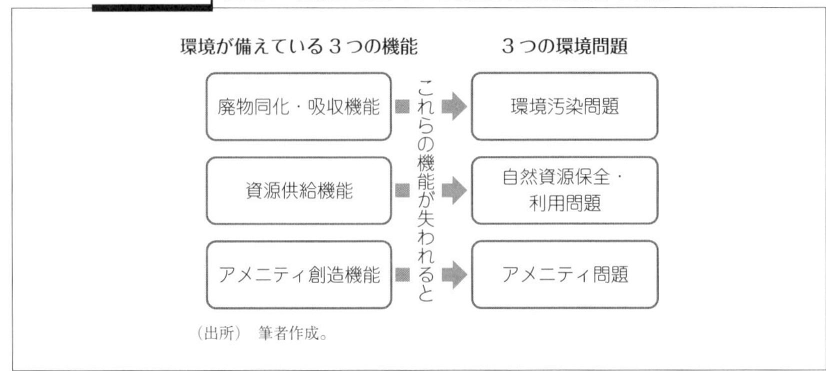

（出所） 筆者作成。

なぜなら，このような環境問題が，そもそも私たちの社会において問題として認識されなければ，「問題は存在しないことに等しい」からです。

環境問題の歴史をひもとけば，このように問題が認識されることが，いかに難しかったのかがわかります。そこでは，自然科学の知識を用いて，問題をめぐる因果関係を把握することがすぐにはできなかったことだけでなく，日本の公害が典型なのですが，当時において影響力を持っていた個人や組織が問題を隠したり，また問題を引き起こす原因の究明を遅らせたりしたこともありました。

このような困難を乗り越え，私たちの社会で問題として認識されること，つまり社会問題として環境問題が認識されることが，環境問題を解決するための第一歩なのです。以上のことをまとめると，環境問題とは「人間の活動とのかかわりにおいて発揮されている，環境が備えている機能が失われ，そしてそのことが認識されている社会問題」であるといえます。

なぜ環境問題が起こるのか①：市場の失敗

それでは，環境問題はなぜ起こるのでしょうか。まずは，経済学がおもな対象としてきた市場の特徴から考えていきましょう。

市場では価格を目印として，いろいろなものが取引されています。つまり，市場で取引されているものには，価格がついています。これに対して，環境は「価格のつかない価値物」ともいわれます。たとえば，山の頂上で吸うことができる清々しい空気には，価格はついていません。けれども，そのような空気は，「山登りのごほうび」のように価値のあるものです。このように，人間にとって価値のあるものでも，価格がついていないものが少なくないのが環境なのです。

このような特徴が環境にはあるのですが，市場でものを取引する人たちは，そこで示される価格で取引を行います。しかし，それらの価格に環境の価値がきちんと反映されていないと，その社会において守らないといけない環境を適切に認識できなくなったり，また環境を守るための費用を十分に賄えなくなったりしてしまいます。そして，これらの結果として，環境問題が起こることになります。

そのような環境問題は，市場取引をしていない人たちにも及んでしまいます。たとえば，小さな島国の人たちは，地球温暖化がもたらす海面水位の上昇によって，被害を受ける可能性が最も高いのですが，これらの人たちは CO_2 などの温室効果ガスを大量に出すような，市場取引にはほとんど参加していません。このように，市場の「外側」を経て影響が及ぶことを，外部性といいます。とくに，環境問題は悪影響が及ぶものであることから，外部不経済と呼ばれてきました。

また，環境に配慮してつくったものであっても，どのように配慮したのかとか，それによってどれほど環境にやさしいのかといった情報が，市場で取引を行う人たちの間で共有されていない場合は，どうなるのでしょうか。このように情報に偏りがある場合，環境に配慮してつくったものの取引は活発にならず，やがて市場からなくなってしまいます。このような情報の偏りを，情報の非対称性といいます。

さらに，市場でものが取引されるためには，それが誰のものなのかをあらかじめ明らかにしておく必要があります。そのためには，所有権を設けることが必要です。言い換えれば，所有権を設けることができない（あるいは難しい）ものについては，市場ではうまく取引ができません。このように所有権を設けることができない（あるいは難しい）ものを，経済学では公共財といいます。そして，そのような公共財の１つが，じつは環境なのです。

以上のように，外部性や情報の非対称性をもたらしやすく，また公共財でもある環境は，市場において価格を目印として取引することが難しく，**市場の失敗**やその結果としての環境問題が起こりやすいのです。

なぜ環境問題が起こるのか②：政府の失敗

市場の失敗が起こると，経済学では政府に出番を求めてきました。実際に，日本などの先進国の政府は，貧困，所得格差，恐慌という経済にかかわる大きな問題に対して，これまで積極的な役割を果たしてきました。

環境問題に対しても，1960 年代から 70 年代において，先進国では環境を守るための法律や組織が次々と整えられました。そして，1980 年代以降には，このような動きは途上国にも及びました。しかし残念ながら，市場の失敗があるように，**政府の失敗**もあります。その理由には，以下のようなものがあります。

まず，縦割り行政という行政組織の特徴があるからです。一口に政府といっても，それを構成する行政組織はいろいろあります。たとえば，日本でも 1 府 12 省庁（ただし，期間を限って設けられている復興庁は除く）があり，それぞれ異なる役割を担っています。人間の活動の基盤として環境があると考えれば，程度の差はありますが，環境を守ることはあらゆる行政組織に共通した役割です。したがって，組織間の連携が求められるところなのですが，異なる役割を強調しすぎた結果として縦割り行政が進んできた中で，そのような連携は難しいのが実態です。

次に，それぞれの行政組織や，組織に所属している官僚としての目的が優先されてしまうからです。日本の場合，各省庁には国会による承認に基づいて予算が与えられていますが，それまでの過程において各省庁の官僚たちは，政府の中での影響力が大きくなるように，できる限り多くの予算を獲得しようとしてきました。確かに，環境政策は以前と比べて国の政策としても重視されるようになり，関係する予算も増えてきました。しかし，このことが環境問題の解決につながってきたとは，単純にはいえません。

最後に，政党や行政組織に対して影響を及ぼしている，いろいろな団体の存在があるからです。これらの団体は，自らの利益を求めて政党や行政組織に対して働きかけを行いますので，利益団体と呼ばれます。政党や行政組織は，それぞれに関係する利益団体から，要望や陳情などを日常的に受けています。その中で，利益団体が自らの利益を優先させるために，政党や行政組織に対して環境問題を見逃させたり，あるいは問題の解決を先送りさせたりしてきました。

なぜ環境問題が起こるのか③：共同体の失敗

これまでに守られてきた環境の中には，集落や第**5**章で取り上げる資源管理にかかわる組織を例として，地域における共同体と呼ばれる社会組織が大きな役割を担ってきたものも少なくありません。ですから，何らかの理由によってそのような共同体が維持できなくなった場合，環境も守れなくなってしまいます。これを**共同体の失敗**といいます。

共同体の失敗は，すでに説明した3つの環境問題の中で，とくに自然資源保全・利用問題とアメニティ問題の原因になってきました。なぜなら，自然資源の保全・利用やアメニティの創造では，地域に根ざした共同体の存在が欠かせないことが多く，このため共同体が維持できなくなった場合，それが環境問題としても現れるからです。

共同体が維持できなくなる理由には，次の2つがあります。その1つは，共同体を構成するメンバーが自らの利益を増やすために，共同体のルールや仕組みを破ってしまうからです。もう1つは，人口減少や農林水産業の衰退などです。そのような社会経済構造の変化によって，共同体が維持できなくなった結果として，資源や建造物などが放置されてしまい，環境が守れなくなりつつあるからです。今の日本においては，耕作放棄地や空き家の問題が目立っていることを例として，後者の理由も無視できなくなってきました。

なお，共同体と似たような言葉として，地域コミュニティがあります。ともに地域を構成している社会組織ですが，この本では資源管理にかかわる組織については共同体と呼び，その他のまちづくりなどにかかわる組織については地域コミュニティと呼ぶことにします。

環境政策のとらえ方

なぜ環境問題が起こるのでしょうか。それは，図1.2にまとめているように，市場の失敗，政府の失敗，および共同体の失敗が起こるからです。この本では，

CHART 図 1.2　環境問題を起こす「失敗 3 きょうだい」

（出所）　筆者作成。

これら 3 つの失敗を「失敗 3 きょうだい」と名づけます。ここでは，いずれも社会の仕組みにかかわる失敗であることが，とても重要です。

環境問題のところで，それらが社会問題として認識されることが重要であると述べました。また，環境問題が社会の仕組みにかかわる失敗であることを踏まえると，環境問題を解決するためには，「問題に対して認識を持ったり，または改めたりすること」と「社会の仕組みを変えること」が，ともに必要になってきます。そして，これらの取り組みは**環境政策**と呼ばれます。

そのような環境政策は，「何のために（政策目的）」，「どのような方法で（政策手段）」，および「誰が行うのか（政策主体）」の 3 つから構成されています。以下では，これらを通して環境政策をとらえていきます。

環境政策をとらえる①：政策目的

まず，**政策目的**からとらえましょう。政策目的について，経済学では**最適汚染水準**という考え方があります。図を用いながら，この考え方を説明していきます。

図 1.3 のうち，左軸は汚染物を減らすためにかかる費用である限界削減費用を示しています。また，右軸は汚染物を減らさなかったことで人間や環境に与える被害のうち，費用に反映された部分にあたる限界被害費用を示しています。これらには，ともに「限界」という言葉がついています。その意味は，「汚染量を追加的に 1 単位減らした場合（もしくは増やした場合）に，新たに増える削減費用（もしくは被害費用）のこと」です。

CHART 図 1.3 最適汚染水準の考え方

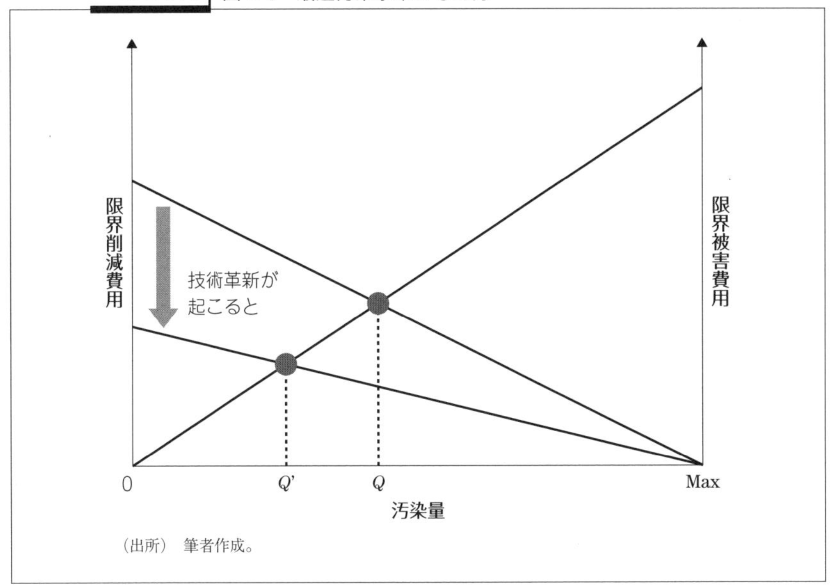

（出所） 筆者作成。

もう少し説明を加えましょう。この図では，限界削減費用の変化は右下がりの線で示されています。これは，汚染物を減らすにつれて（つまり，汚染量がMaxから0へと移るにつれて），追加的に同じ量の汚染物を減らすためには，より多くの費用がかかるからです。これに対して，限界被害費用の変化は右上がりの線で示されています。これは，汚染物が増えるにつれて（つまり，汚染量が0からMaxへと移るにつれて），追加的に同じ量の汚染物が増えると，被害費用はより大きくなるからです。

それでは，この図の中で「望ましい汚染量」はどこでしょうか。それは，以上の2つの線が交差するところにあたる汚染量（Q）です。なぜなら，この汚染量において，限界削減費用と限界被害費用を合わせたものが最も少なくなるからです。そして，この汚染量こそが最適汚染水準なのです。

ところで，このような最適汚染水準は，変化することがあります。再び図を見ると，たとえば技術革新が起こると，それまでよりもより少ない費用で汚染物を減らすことができます。それは，限界削減費用を引き下げることになるのですが，図で示しているように，その結果として最適汚染水準が変化します

($Q \Rightarrow Q'$)。このような変化は，技術革新が起こる前と比べて汚染物が減ることから，社会にとっては望ましいものであるといえます。

しかし，以上のような最適汚染水準の考え方には，いくつか疑問もあります。まず，最適汚染水準における「最適」の意味は，上で述べたような費用という経済的な側面においてなのですが，そのことが環境にとっても最適であるとは限りません。それを決めるためには，自然科学などの知識も必要です。また，すべての被害を費用としてお金で表すことができるとも限りません。このことは，日本でも公害をはじめとした環境問題に関するこれまでの歴史の中で，厳しく問われてきたことです。

このように，政策目的としての最適汚染水準には，いくつもの限界があります。そのような中で，近年における政策目的として，経済，環境，そして社会，これら3つの持続可能性の両立をめざす，持続可能な発展◎が注目を集めてきました。これについては第**8**章で取り上げます。

環境政策をとらえる②：政策手段

次に，**政策手段**をとらえましょう。政策手段にはさまざまなものがありますが，ここでは図1.4に示している，直接的手段，間接的手段，および基盤的手段の3つを紹介します。

このうち，直接的手段は，環境問題を引き起こす者に直接働きかけて，問題を解決するための手段です。例としては，日本における公害の克服に大きく貢献した直接規制があります。また，インフラ◎整備や，アメニティ◎の創造において重要な政策手段である土地利用規制も，ここに含まれます。

間接的手段は，環境問題を引き起こす者だけに働きかけるものではありませんが，これらを用いることによって問題を引き起こす者の行動を変え，その結果として問題を解決するための手段です。例としては，環境税，環境補助金，排出量取引があり，これらはまとめて経済的手段ともいわれます。なぜなら，これらの手段を用いることで，環境問題を引き起こす者にとっては費用がより多くかかるようになるので，それを避けるために問題の解決へ向けて行動を変えることが期待されるからです。

そして，基盤的手段は，あらゆる政策手段の基盤にあたるものです。そのた

CHART 図1.4 環境政策における3つの政策手段

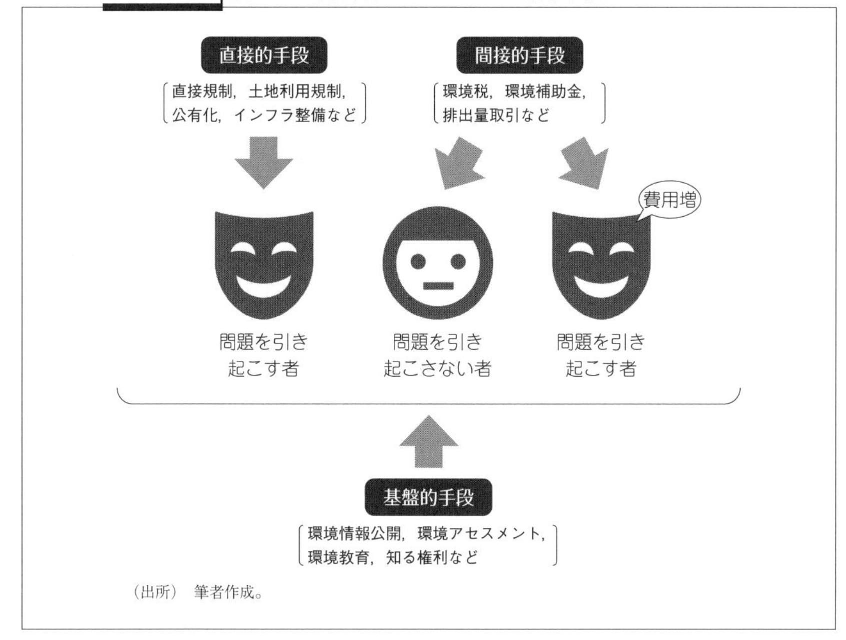

（出所） 筆者作成。

め，直接的手段と間接的手段にもかかわります。ここには，環境情報公開，環境アセスメント◎，および環境教育などとともに，これらのいずれにもかかわる知る権利も含まれます。

以上の3つの政策手段のうち，直接的手段と間接的手段の多くは，環境問題を解決するために社会の仕組みを変えることを意図しています。他方で，基盤的手段の多くは，環境問題に対して認識を持ったり，またそれを改めたりすることに関係しています。そのうえで注目されることは，政策手段が直接的手段を中心としたものから，間接的手段や基盤的手段も加わったものへと変化してきたことです。

環境政策をとらえる③：政策主体

また，このような政策手段の変化は，環境政策をつくったり，決めたり，および実施したりする担い手，すなわち**政策主体**の変化をともなってきたことも重要です。

Column ❷ 地域からつくられてきた環境税

政策手段の中で，近年において注目を集めてきたものの 1 つが環境税です。経済協力開発機構（OECD）では，エネルギーや自動車に関する課税など，環境に関連するとみなされる税制を「環境関連税制」として，定期的に調査を行ってきました。2013 年の調査によれば，OECD 平均では GDP 比で 1.6% にあたる税収を，この環境関連税制からあげています。とくに，デンマーク（3.9%），オランダ（3.4%），フィンランド（2.9%）などを例とする，ヨーロッパの国々で比率が高くなっています。これらに対して日本は 1.5% でした。

他の国では，環境税を国レベルで導入しているところが多いのですが，日本は国レベルよりも，むしろ地域で環境問題に直面している地方自治体レベルで積極的に導入されてきました。代表的なものは産業廃棄物税や森林環境税で，これらは地方環境税と呼ばれています。2018 年 1 月現在，産業廃棄物税等は 28 の府県と市で，また森林環境税等は 2017 年 1 月現在，38 の県と市でそれぞれ導入されています。さらに，森林環境税は 2024 年度から国税としても課されることが決定しています。

この森林環境税では，森林にかかわるさまざまな人たちが参加しながら，対話や学習によってよりよい税制をつくっていく，参加型税制という新たな考え方も示されました。環境税という間接的手段が，学習などの基盤的手段をともないながら導入された，典型例であるといえます。森林環境税が国税としても課された後，このような森林環境税の「思想」は引き継がれていくのでしょうか。今後の動きに注目していきましょう。

政策手段のうち，直接的手段では政府の役割が大きくなります。なぜなら，環境問題を引き起こす者に対して直接働きかけるためには，規制にせよ，土地などを政府の所有にする公有化にせよ，環境を守るためのインフラ整備にせよ，いずれにおいても政府が備えている権力によるものが多いからです。これを公権力と呼びます。

しかし，このような政府の役割については，2 つの側面から疑問が出されるようになりました。その 1 つは，すでに述べた政府の失敗です。直接的手段において，政府に求められる役割が果たせなかったり，また果たせたとしても費用がかかりすぎるなどの問題が起こったりしたのです。

もう1つは，このことを反映しながら，また環境問題の変化も受けながら，上で述べたように政策手段の中で，間接的手段や基盤的手段も加わってきたことです。そして，これらの政策手段については公権力によらない形で，企業やNPOが積極的に担っているものも少なくありません。たとえば，環境税や排出量取引にともなう負担を減らすために，技術革新などに積極的に取り組む企業や，環境情報公開や環境教育の実施において活発な取り組みを行うNPOがあげられます。

以上のように，政策主体は政府だけではなく，企業やNPOなども含めた形で多様化してきています。その中で注目されることは，これらの多様な主体が連携し，そして協働しながら環境問題を解決しようとする動きです。これをガバナンス◎といいます。ガバナンスについてはとくに第**10**章で取り上げますが，ここではガバナンスの意味に含まれる，連携と協働について少し掘り下げておきます。

連携も，協働も，ともに多様な主体の間につくられる関係性です。この関係性は，地域における環境のように，社会にとって大事な価値である社会的価値◎を，これらの主体が一緒になって認識したり，守ったり，そして新たに生み出していくためにあります。

そして，社会的価値を認識したり，また実現したりするために，互いに対等な立場で参加し，つながることが連携です。そのうえで，自らの役割を果たすために，ときには置かれている立場を乗り越えて，一定の期間において持続した形で計画を立てたり，事業を担ったりして，一緒になってアクションを起こすことが協働です。このような連携と協働が，多様な主体の間でかけ合わされることによって，問題の解決へ向けた可能性を高めることから，ガバナンスが注目されているのです。

WORK

① 日本が今直面している環境問題と，日本に隣接しているアジアの国々が今直面している環境問題との間にはどのような違いがあるのか，「3つの環境問題」

の分類を参考にして調べてみよう。

② あなたが関心のある環境問題について，その原因を「失敗３きょうだい」との関係から調べてみよう。

③ 環境政策の政策手段のうち，国の役割が大きいものと，地方自治体の役割が大きいものを，それぞれ調べてみよう。

さらに学びたい人のために　Bookguide

植田和弘［1998］『環境経済学への招待』丸善（丸善ライブラリー）

→環境経済学とはどういう学問なのかを，平易な言葉でコンパクトにまとめたもの。環境経済学の入門書を読む前の準備としても，おすすめの１冊。

栗山浩一・馬奈木俊介［2020］『環境経済学をつかむ（第４版）』有斐閣

→環境経済学の入門書。最新の内容を盛り込み，難しい表現や数式は避けながら，環境経済学のおもしろさと魅力を伝えてくれます。

宮本憲一［2007］『環境経済学（新版）』岩波書店

→公害研究のパイオニアの１人である著者による，日本における代表的な環境経済学のテキスト。環境経済学を学ぶ人には，ぜひ触れてほしい１冊。

CHAPTER

第2章

公害という原点

被害から始まる環境問題

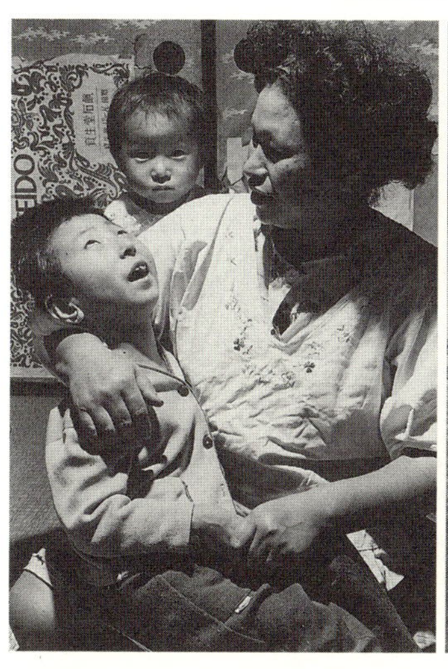
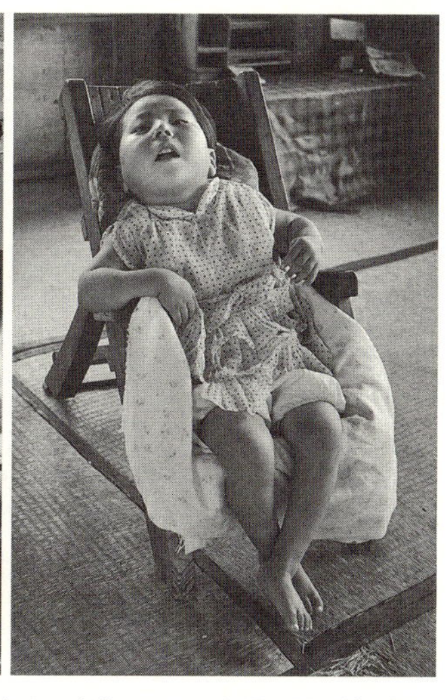

胎児性水俣病患者。深刻な健康被害のため，出生してからも長い間，首が据わらなかったといいます。

KEY WORDS

- □ 環境被害
- □ 足尾鉱毒事件
- □ 四大公害
- □ 水俣病
- □ 被害救済
- □ 被害構造
- □ 絶対的損失
- □ 予防原則
- □ 企業城下町
- □ 外来型開発
- □ 自治体環境政策
- □ 環境再生のまちづくり

1 テーマと出合う

公害被害に思いをはせて

ゲンバくん，レポートはもう書き終わったかな？

これから書きはじめるんで，焦ってるんだよ～。

うん？　締め切りは明日だよ……。私はこれからぽっぽー先生のオフィスアワーに行くんだけど，一緒に行く？

オフィスアワーって何？　でも，ぽっぽー先生に相談できるなら，一緒に行こうかな。テーマも高校で習った公害に決めてるし，何とかなるよね。

～ぽっぽー先生の研究室にて～

いらっしゃい。２人とも熱心だね！　ところで，レポートはもう書けたかな？

ええ，さっきまでチイキさんとレポートの……復習してたんです。

復習……。ゲンバくんは公害をテーマに調べてみたけれど，なかなか実感がわかないみたいです。

確かにそうだよね。公害の現実を知るには，当時の写真なんかを見てみたらどうかな。たとえば，この胎児性水俣病の患者さんの写真とか。

……どうして，こんなことが起こってしまったんだろう。

患者さんや公害が起こった地域は，今どうなっているのかな？

ぽっぽー先生！　このことを踏まえてテーマを考え直したいので，締め切り延長してください！

POINT

- 日本では公害が発生し，大きな社会問題となりました。
- 公害が起こった当時や，患者が置かれていた状況に思いをはせて，考えることが重要です。
- 公害がなぜ起こってしまったのか，その公害に苦しんだ人びとや地域が，今はどうなっているのか，これらのことを学ぶことが大切です。

テーマを理解する

公害被害と向き合う

なぜ公害を学ぶのか

環境問題はなぜ「問題」なのでしょうか。地球温暖化などで，なんとなく「地球が危ない！　大変だ！」といわれるのですが，一番の問題は環境破壊の結果として，人間や社会に被害が及ぶことです。たとえば地球温暖化による海面水位の上昇は，ツバルやモルディブといった小さな島国の人びとの生活を脅かすものです。このように，環境破壊の結果として人間や社会が受ける被害を，**環境被害**といいます。具体的な被害が引き起こされ，人間や社会を脅かしているという点が，環境問題の大事なポイントなのです。

企業活動による大気や水，土壌の汚染などで環境が破壊され，人間の命や健康が脅かされ，多くの被害をもたらしたのが公害でした。私たちは，なぜそのような公害について学ぶのでしょうか。環境問題が起こると，取り返しのつかない被害が生じることもあるので，解決が難しくなること。だからこそ，環境問題が起こらないようにすることが大切であること。こうした環境問題の本質を私たちに教えてくれる「原点」が，公害だからです。

公害は今も終わっていないということも，大事な点です。途上国では公害が発生し続けています。また日本でも，救済を求めて裁判を続けている公害患者がいまだに多くいるほか，アスベスト（石綿）による公害も新たに発生しています。これらをどう克服していけばよいのでしょうか。公害は今なお，私たちが向き合うべき課題です。

足尾鉱毒事件を知る

今から 100 年以上も前の時代，当時は，鉱山業によって引き起こされた公害が大きな社会問題となりました。四大鉱害・煙害事件といわれており，栃木県足尾銅山のほか，秋田県小坂鉱山，茨城県日立鉱山，愛媛県別子銅山の周辺地域で社会問題となりました。なかでも大きな被害をもたらし，日本の公害の原点と呼ばれているのが，**足尾鉱毒事件**です。この事件は，田中正造が明治天皇にその被害について直訴したことでも知られています。

足尾鉱毒事件における環境被害は，鉱山からの煙害によって森林破壊が起こされたこと，さらに有毒な排水が渡良瀬川を通じて下流に流れ込み農地が破壊されたこと，これら 2 つがおもなものでした。

図 2.1 は，渡良瀬川流域と足尾鉱毒事件で被害を受けた地域を示したものです。まず，煙害によって足尾銅山の上流にあった松木（まつき）村の住民は移住を余儀なくされ，村が消滅しました。その跡は今も荒地として残されています。また，

CHART 図 2.1 渡良瀬川流域と足尾鉱毒事件における被害地域

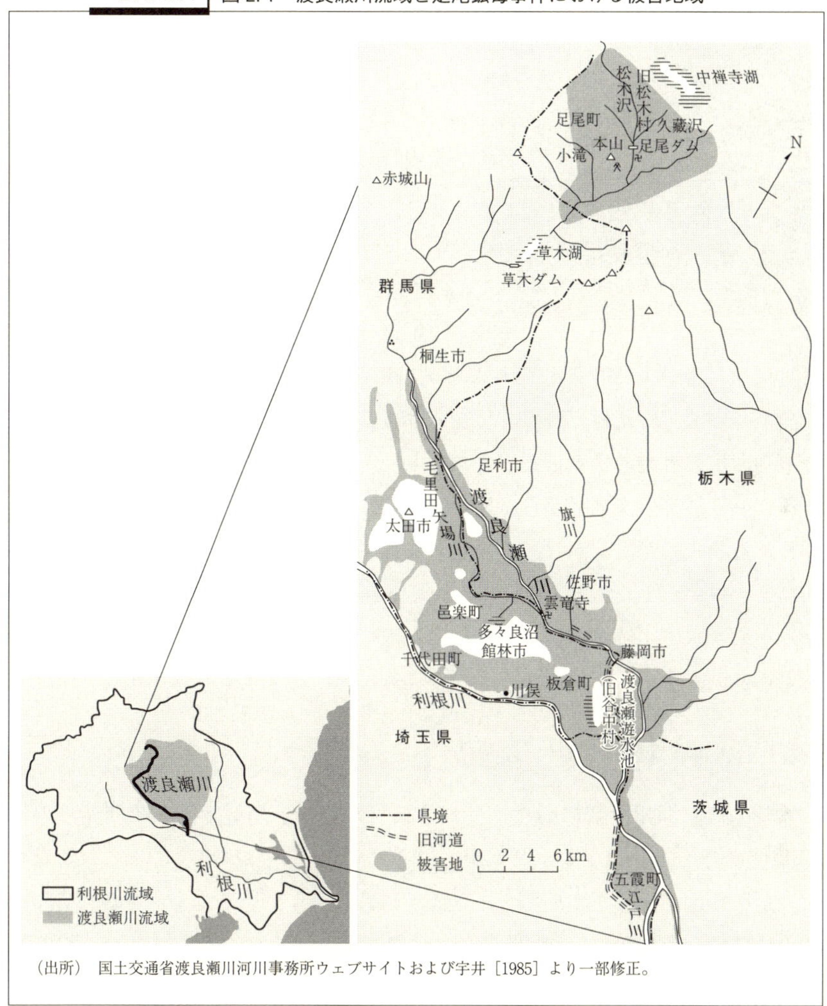

（出所） 国土交通省渡良瀬川河川事務所ウェブサイトおよび宇井［1985］より一部修正。

森林破壊によって渡良瀬川で洪水が頻繁に起こるようになります。洪水のたびに銅を多く含む有害な排水が下流へと流れ出したことで，農地が汚染され，農作物が育たなくなってしまいました。当時の記録によると，被害を受けた農地面積は 4.6 万ヘクタール（東京ドームの面積の約 1 万倍），被害総額は足尾銅山の年間売上の約 10 倍だったとされています。健康被害も発生したと考えられますが，これについてはあまり記録が残っておらず，当時はおもに農地への被害

足尾銅山の上流には今も墓石が残され，公害によって村が消えたことがうかがえる。（筆者撮影）

が社会問題になりました。

下流の地域の中でも，最も困難に直面したのが谷中村の住民でした。1905年当時，この村には450戸，2700人の住民がいたとされます。政府は反対運動の拠点となっていた谷中村をとりつぶして，洪水対策のための遊水池を整備しようとしました。田中正造をはじめとして多くの人びとが強く反対しましたが，1907年に土地が強制収用され，村は消滅してしまいました。このように消滅した村の跡は，現在では渡良瀬遊水池（地）となっています。

渡良瀬川最上流の松木村と下流の谷中村，これら2つの村が丸ごと消えてしまうという被害の深刻さから，足尾鉱毒事件は日本における最悪の公害事件といわれてきました。しかし，この足尾鉱毒事件よりもはるかに広大な地域で，人びとが住めなくなるという被害が出てしまいました。それが福島原発事故です。その意味で，福島原発事故は足尾鉱毒事件を上回る，史上最悪の公害事件であるといえます。

なぜ公害被害は悪化していったのか

当時の渡良瀬川下流における農地の被害総額は，足尾銅山の年間売上の約10倍であったと先ほどいいました。そこまでひどい被害が起こっているならば，足尾銅山の操業を止めてしまうほうがよいように思えます。しかし実際は，鉱山の操業と農地汚染は続き，下流の農業被害はより深刻化しました。なぜ，このように被害が深刻化したのでしょうか。

1つの理由は，足尾銅山が明治政府から強い保護を受けていたためです。1904年から日露戦争が始まったのですが，当時の日本は外国から大量の武器を買うことを優先していました。これらの武器の代金を支払うために，重要な輸出品である銅は欠かせないものでした。そのため，国内の2～3割の銅を産出していた足尾銅山は，とくに手厚く保護されていたのです。

また，足尾銅山を創業・経営していた古河市兵衛は，当時の政府高官であった陸奥宗光の次男を養子に迎えます。さらに，のちに首相になる原敬とも関係を深め，1905 年には一時的とはいえ，副社長として雇い入れました。こうして，足尾銅山は明治政府との間に親密な関係をつくり，便宜を図ってもらっていたのです。

もう 1 つの理由は，経済力を持った人びとが，銅山の操業によって多くの利益を得ていたためです。当時，足尾銅山の操業を求める有力者たちが衆議院にあてた「足尾銅山鉱業非停止陳情書」には，「鉱山の生産に従事するたくさんの職工・抗夫に対して，衣食住や娯楽の提供などのサービスを提供し，それを生業（なりわい）としているものは多くいる。足尾町は，かつては貧困にあえぐ山間の村であったが，いまや鉱山によって工業都市となっている」という内容が書かれています。こうした人びとにとっては，下流の農業被害を無視して足尾銅山を操業し続けたほうが，得られる利益が大きかったのです。

四大公害とは何か

高度経済成長期に入った 1950 年代からは，**四大公害**（水俣病，新潟水俣病，イタイイタイ病，四日市ぜんそく）が深刻になっていきました。いずれも企業活動によって引き起こされたもので，産業公害とも呼ばれます。水俣病はこの後で詳しく見ていきますので，それ以外の四大公害について，**表 2.1** を見ながら確認しておきましょう。

イタイイタイ病は，富山県の神通川（じんずうがわ）流域で発生しました。三井金属鉱業神岡鉱山から出されたカドミウムが流域の田んぼの土を汚染し，さらにここでとれた米や川の水を通じて体内に取り込まれ，骨軟化症などを引き起こしました。患者は 30 代以上の女性がほとんどで，症状がひどい場合には布団が体に当たっただけで骨折してしまいました。「痛い，痛い」と叫びながら亡くなっていく様子から，この病名がつけられました。

新潟水俣病は，新潟県の阿賀野川中流に立地した，昭和電工の鹿瀬（かのせ）工場から出されたメチル水銀による川魚の汚染が原因です。これらを食べた住民が水銀中毒を発症しました。すでに熊本県で水俣病が社会問題になっていたにもかかわらず，同じような被害を繰り返してしまったのです。1000 名を超える被害者が認定されて補償を受けていますが，被害者としていまだ認められていない患者や，水俣病とは知らずに亡くなった方なども多く，今も裁判が続いていま

CHART 表 2.1 日本の四大公害

	イタイイタイ病	新潟水俣病	水俣病	四日市ぜんそく
原因物質	カドミウム	メチル水銀		亜硫酸ガス
おもな症状	骨軟化症，骨粗しょう症	手足のしびれ，震え，耳鳴り，視野狭窄，言語障害		気管支ぜんそく，慢性気管支炎，肺気腫
場所	富山県神通川流域	新潟県阿賀野川流域	熊本県水俣市	三重県四日市市
第一審勝訴判決	1971 年 6 月	1971 年 9 月	1973 年 3 月	1972 年 7 月
被告企業	三井金属鉱業	昭和電工	新日本窒素肥料（チッソ）	石原産業，中部電力，昭和四日市石油，三菱油化，三菱化成工業，三菱モンサント化成

（出所） 宮本［2014］より筆者作成。

す。

四日市ぜんそくは，三重県の四日市石油化学コンビナートの工場群から出された亜硫酸ガスを原因とする呼吸器障害です。息を吸うことさえもできなくなる苦しさは，想像を絶するものでした。患者の中にはそのような苦しさに耐えきれずに，また家族に迷惑をかけてしまうことを苦にして自殺する人もいました。2200 人余りが被害者として認定されていますが，その半分近くが 9 歳以下の子どもであり，お年寄りの患者も多いことが特徴です。

水俣病の発生とその被害

新日本窒素肥料（チッソ）は，ビニールなどの原料となるアセトアルデヒドの生産過程で生じた大量のメチル水銀を，不知火海（しらぬいかい）（八代海（やつしろかい））に流しました。これがプランクトンや小魚，さらに大きな魚へと食物連鎖を通じて蓄積・濃縮され，これらの魚を食べた人の脳や神経の細胞を破壊しました。こうして，不知火海全域に健康被害が広がりました。これが**水俣病**です。

水俣病の患者は，当初は短期間のうちに亡くなってしまう人もいましたが，やがてそれと比べて症状が緩やかな慢性型患者が，その多くを占めていきました。また，汚染された魚を食べていなくても，胎児のときに母親のおなかの中で汚染にさらされた，胎児性水俣病患者もいます。

水俣病は，手足のしびれ，感覚がなくなること，視野が狭くなることなどがおもな症状です。そのため，患者は足を怪我して血が流れても，やけどを負っても，ひどいときには骨折をしていても，これらに気づかないことがあるといいます。歯の治療のときに部分麻酔をして，その後しばらくの間しびれて思い通りに唇を動かせない経験は，誰にでもあると思います。そのような状態，あるいはもっとひどい症状が手足にずっと続くことを想像すると，少しはその苦しさが理解できるかもしれません。

水俣病の原因は，最初からチッソによる排水が疑われました。しかし，地元の水俣市に大きな恩恵を与えていたチッソを刺激したくない住民たちは，患者に対して冷ややかな態度をとってしまいました。当初は原因不明の「奇病」や伝染病とされたこともあり，バスに乗車させてもらえず，買い物のときに箸やザルでお金を受け取られるなど，患者とその家族は差別や偏見にさらされ，地域の中で孤立していきました。こうした差別や偏見は，チッソが加害企業であったことがわかった後も続き，これを恐れて身内に患者がいることをひた隠しにする家族も多くいたのです。

償いきれない公害被害と遅れる被害救済

1968 年 9 月になって，政府は初めて水俣病を公害と認定し，その原因はチッソによる排水であるとしました。水俣病が公式に確認されたのが 1956 年ですから，じつに 12 年が経っていました。

患者たちは裁判に訴えることで，**被害救済**を求めていきます。1973 年の熊本地裁判決は患者側の完全勝訴となり，加害企業であるチッソに対して賠償金の支払いを命じました。水俣病の公式確認からじつに 17 年が経っていました。しかし，こうした賠償金ですべての被害を償うことはできません。たとえば，この裁判で勝訴した患者家族は以下のようなことを言っています（原田[1985]）。

> 殺された，ふた親の命の値段が 1800 万円，はあ，きめてもらいました判決で。……いまから先こういう銭（ぜに）は，殺された親ばけずって，食うてゆ

くとと同じです。

こうした証言から，加害企業にどんなに賠償金を負わせたとしても，償いきれないものがあることがわかります。公害を知ることは，何よりもこうした公害患者が置かれた状況や苦しみを想像することから始まります。公害患者やその家族による手記やインタビューがまとめられた本は多くありますので，ぜひ手に取ってみてください。

水俣病として公式に認定された患者は，約 3000 人に上ります。しかし，現在でも水俣病の被害者として認められていない数多くの人たちがいます。2012 年の時点で，約 6 万 5000 名が「自分も水俣病の被害者である」として被害救済を求めましたが，このうち 1 万人近い人たちが認められませんでした。今なお 1500 人以上の人たちが，裁判を闘っています。

以上のように，いまだに被害救済が十分に行われていない原因は，チッソが賠償金を支払えなくなることを懸念して，水俣病の認定基準を狭めて被害者を放置してきた，国の姿勢にあります。しかし，そのような国の姿勢は，じつは私たちと無関係ではありません。公害被害を放置し続ける社会を許してきたことについて，私たち自身にも主権者として，その責任の一端があるからです。

福島原発事故がもたらした公害被害

福島原発事故は，今まで日本社会が経験したことのないほど複雑で，なおかつ深刻な公害被害を引き起こしました。私たちはこれから長い時間をかけて，この被害に向き合わなければなりません。

福島原発事故によって生じた被害には，どのようなものがあるのでしょうか。まず，放射能汚染によって広い範囲で人が住めなくなってしまい，土地や家といった財産，そして生業（なりわい）が失われるという深刻な被害が生じています。このほかにも，田畑の表面を削って放射線量を下げる除染作業が進められたことで，豊かな土壌が失われ，長年にわたって営まれてきた稲作や畑作ができなくなりました。また，山菜採りやキノコ採りといった，それまで自然とともに暮らしてきた多くの人たちの日常や楽しみも奪われたのです。

さらに，放射能汚染が長期間に及ぶことによる被害もあります。放射線量が

Column❸ 基地がもたらす公害

日本にも多くの軍事基地がありますが，これらの基地がもたらしてきた公害も，じつは深刻なのです。

まず，軍用機の飛行にともなう騒音があります。頭のすぐ上を飛んでいるかのような，低空飛行からのすさまじい騒音は，「爆音」とも表現されます。そのような激しい騒音によって耳が聞こえづらくなったり，不眠になったりすることで生じる健康被害も深刻です。そのため，こうした騒音がもたらす被害に対する賠償と，早朝や夜間の飛行差し止めを求める裁判が，厚木基地（神奈川県），岩国基地（山口県），および嘉手納基地（沖縄県）など，全国各地で争われてきました。

国土のわずか 0.6% の面積に，国内に立地する米軍基地の約 7 割が集中している沖縄県では，多くの種類の基地公害や環境破壊が起こってきました。騒音はもちろんのこと，沖縄県北部の辺野古（へのこ）地区では，新基地建設による自然破壊も懸念されています。なかでもより深刻なのが土壌汚染です。ベトナム戦争で使用された枯葉剤が放置されたことによるものとみられるダイオキシン汚染や，軍用機の燃料漏れによる汚染などが次々に発覚してきました。また，問題の公表が遅れたり，問題を把握するための立ち入り調査が難しかったり，さらには汚染の責任を米軍側に問えないままに，日本側の負担で汚染土壌の撤去や浄化が行われてきました。

これら沖縄県で起こっているのは，いずれも日本に駐留する米軍の施設・区域，および地位に関する協定である日米地位協定や，これに補足して設けられている日本環境管理基準（Japan Environmental Governing Standards）に由来する問題です。軍事基地がもたらす公害と，どう向き合うのか。日本よりも踏み込んだ取り組みを行ってきたドイツや韓国の事例も参考にしながら，軍事基地を抱える地域だけでなく，日本全体で考えていくことが求められています。

下がるまでには時間がかかり，それによって避難が長期化してしまうと，これまで住んでいた地域に戻ることが難しくなります。このことで失われるものは土地や家だけでなく，ご近所づきあいといった人間関係や，地域社会の中で長

年にわたって受け継がれてきた伝統行事など，地域固有の文化や景観にも及びます。このように，地域社会が根こそぎ失われてしまう事態を「ふるさとの喪失」と呼びます。被災者たちは事故を起こした東京電力に対して裁判を起こし，このような喪失に対する賠償を求めています。

さらに，放射線による健康被害が将来どの程度生じるのかについて，科学的知見に不確実性があるために，被災者が強い不安や恐怖を感じるなどの精神的被害も生じています。放射能に汚染されてしまった地域がどの程度危険なのかについて，その判断は個人によって大きく異なります。安全だと思って住み続ける人もいれば，将来の健康被害への不安から避難する人もいるでしょう。仕事のため父親が地域に残ったまま，母親と子どもが避難を続けるかどうかといった判断や，いつまで避難を続けるのかをめぐる意見の対立が，同じ家族の中でも起こってしまいます。こうして家族が引き裂かれ，さらには将来を見通すことができない不安などによって，深刻な精神的被害が生じているのです。

公害被害地域の今

公害に苦しんだ地域は，今どうなっているのでしょうか。

足尾町（現日光市）では，1996年に「足尾に緑を育てる会」が設立されました。この会は，煙害で失われた広大な荒地に植林を行い，地域環境を回復させる活動に取り組んでいます。今では小・中学校や高校の児童・生徒を中心に，年間1万人のボランティアを受け入れ，約2万本の木を植えています。かつて被害を受けた渡良瀬川下流の人たちとともに植林を行うことで，上流と下流とのつながりを再生しようと活動しています。

水俣市では「もやい直し」が進んでいます。もやいとは，船と船とをつなぐことです。これを踏まえて，「もやい直し」は，水俣病をきっかけとしてバラバラになった市民の心を1つにつなぎとめることを意味します。水俣病の経験をまちづくりの中心に置いたうえで，互いが助け合いながら地域社会を支え，環境を重視したまちづくりを進めようというものです。ごみの分別や第**3**章でも取り上げるエコタウン事業などの取り組みが評価され，水俣市は2008年に環境モデル都市に認定されました。その一方で，これらの取り組みにおける水俣病の位置づけが不明確であり，当初めざしていた地域社会の中で水俣病の

足尾に緑を育てる会によるスローガン（左，筆者撮影）と植林活動の様子（足尾に緑を育てる会提供）

経験を共有するという点では，まだ課題が多いとの指摘もあります。

これらの取り組みで注目されるのは，いずれも環境の回復や被害救済だけではなく，公害によって対立し，分断してしまった地域や流域，さらには人びとのつながりを再生しようとしている点です。

こうした再生の動きの一方で，公害被害地域には被害救済をはじめとして，いまだに解決すべき課題が残されている場合が多いのですが，その中でイタイイタイ病は全面解決にたどり着いた，数少ない事例といえます。

被害者およびその家族によって設立されたイタイイタイ病対策協議会（イ対協）は，裁判で勝訴した後の企業との交渉によって，汚染源となった三井金属鉱業神岡鉱業所への立ち入り調査権を勝ち取りました。その後40年以上にわたってイ対協，弁護士，および研究者が毎年のように工場の立ち入り調査を行い，汚染削減のための対策を企業に提言してきました。企業側も，それらの提言に応えてきた結果，工場からのカドミウム汚染は大幅に削減されました。こうしてイ対協と企業との間で，「緊張感ある信頼関係」が築かれてきたのです。そして，ついに2013年12月には，三井金属鉱業が今後も被害救済を十分に行うこと，イ対協も謝罪を受け入れることで合意し，イタイイタイ病は全面解決されました。

公害被害地域の中には，これ以外にも，新たな展開を見せているところがあります。大阪市西淀川区の大気汚染訴訟で勝訴した公害患者たちは，賠償金として得たお金の一部を，公害が二度と起こらないまちづくりを進めるために使うことを決めました。そして，7億円の拠出によって公害地域再生センター（あおぞら財団）が設立され，「手渡したいのは青い空」という理念に基づいたまちづくりを進めています。岡山県倉敷市でも，同じような形で取り組みが進んでいます。2000年に水島地域環境再生財団（みずしま財団）が設立され，かつての加害企業や行政も巻き込みながら，水辺環境の再生や公害の記憶を引き継ぐ環境教育のまちづくりを進めています。

WORK

① 水俣病以外の四大公害を取り上げて，その経緯を調べてみよう。
② 公害患者の手記や記録をもとに，公害被害の実態を調べてみよう。
③ ここで取り上げた財団，公害患者団体，および公害資料館のホームページから，現在どのような取り組みが行われているのか調べてみよう。

テーマを考える

公害をどう乗り越えるのか

公害の被害構造をとらえる

まず，公害を含めた環境問題には，「加害と被害」の関係が常に存在することを強調したいと思います。

環境破壊によって問題を引き起こし，利益を得る側がいる一方で，被害や苦しみを受ける側も必ずいます。地球温暖化に対して「みんなが被害者，みんなが加害者」と考える人もいます。しかし，先進国が出した温室効果ガスによる海面水位の上昇によって，真っ先に被害を受けるのは小さな島国であることなどを例として，ここにも「加害と被害」の関係を見出すことができます。この章では，公害を被害の側面から注目しています。ここでは公害にはどのような**被害構造**があるのかを，図2.2に沿って考えてみましょう。

まず，公害被害は誰もが同じように受けるのではなく，弱者に集中するという特徴があります。ここでいう弱者には，生物的弱者と社会的弱者があります。四日市ぜんそくの被害は，高齢者と子どもという生物的弱者に集中しました。また，チッソで働く市民が多数を占めていた水俣市の中では，経済的にも社会的にも弱い立場であった漁民に，水俣病の被害が集中しました。こうした公害

CHART　図 2.2　公害の被害構造に関する４つの特徴

①被害は弱者に集中する ⇒生物的弱者・社会的弱者への集中
②被害の中にはお金で償えないものもある ⇒絶対的損失の発生と予防原則の重要性
③生命や健康以外にも被害が広がる ⇒家族や地域社会の中での孤立などの派生的被害
④地域の自然やアメニティの破壊と連続している ⇒これらの破壊から始まる公害

（出所）筆者作成。

患者は地域の中では少数派であり，政治的な発言力も小さいために，被害を訴えてもしばしば無視されていました。さらに，弱者に被害が集中したことで差別や偏見も生まれ，公害被害の救済は進まずに遅れてしまったのです。

次に，被害を受けてしまうと元に戻すことができず，お金だけでは償いきれないものもあるという特徴があります。こうした被害を**絶対的損失**といいます。一度失われた生命や健康は元に戻すことはできないので，どんなにお金を積み上げても償いきれません。自然をはじめ，第 **7** 章で取り上げる文化財や景観などのアメニティ◎についても同じことがいえます。だからこそ，被害が発生した後に補償や賠償をするだけでは不十分なのです。そこで，たとえ科学的知見が不確実な場合でも，事前に被害を引き起こさないような対応をとるという，**予防原則**が求められます。

さらに，公害被害には，患者の生命や健康を脅かすだけにとどまらない，広がりを持っているという特徴もあります。たとえば，健康被害によって，働くことができずに収入がなくなること，薬代や治療費がかさんでしまうこと，これらのことから生じる家族への引け目，さらには差別や偏見によって地域社会から排除され，孤立することなど。公害患者は，このように果てしなく広がっていく経済面での被害や精神的な苦痛に直面しました。これを派生的被害と呼びます。

最後に，公害被害は地域の自然やアメニティの破壊と連続しているという特徴も重要な点です。水俣病も水銀による海洋汚染という自然破壊から始まって，魚の大量死や猫の行動異常などが見られ，最後に人間の身体に影響が及び，健康被害を発生させているのです。また，岡山県倉敷市水島地域や三重県四日市市の公害は，石油化学コンビナートの開発によって，それまで存在していた美しい海岸線や漁村の景観といった，地域の自然やアメニティ◎の破壊から始まっています。

企業による地域支配がもたらした公害

第 2 節で見たように，公害患者は地域の中で孤立し，差別や偏見に苦しみながら，声を上げることができない状態にありました。たとえば，水俣病患者がこうした状態に置かれた背景には，加害企業であるチッソが圧倒的な影響力を持って地域を支配していたことがあります。

1960 年には水俣市の税収の 5 割，工業出荷額の 9 割以上，就業者数の 7～8 割を，それぞれチッソが占めていました。また，水俣市周辺の観光業や商業も，チッソのおかげで潤っていました。このような特徴を見ると，水俣市はチッソの**企業城下町**であったといえます。こうした中で，「チッソあっての水俣」という意識が住民の中で共有され，そのチッソと対立する水俣病患者は，地域の中で孤立していたのです。

しかし，このようなチッソの姿は，水俣市の地域資源◎を独占的に利用していたことによるものでもありました。たとえば，**図 2.3** の下図に示しているように，チッソは水俣市の市街地の土地のうち約 3 割を占有し，海岸線についても無条件で廃棄物の埋め立てなどに利用できました。さらに，市内にある水資源を工業用水として独占的に利用していました。むしろ，「水俣あってのチッソ」といってもよかったのです。こうした状態を地域独占と呼びます。

公害被害を深刻にした政府の失敗

企業が地域を支配するだけでは，公害被害がここまで深刻化したり，長期化したりすることはなかったでしょう。足尾鉱毒事件では，日露戦争のためという「国益」を優先するために，政治家や官僚が企業との間で手を結んで足尾銅

CHART 図 2.3 水俣市の位置と水俣市の市街地におけるチッソの土地利用(1970 年当時)

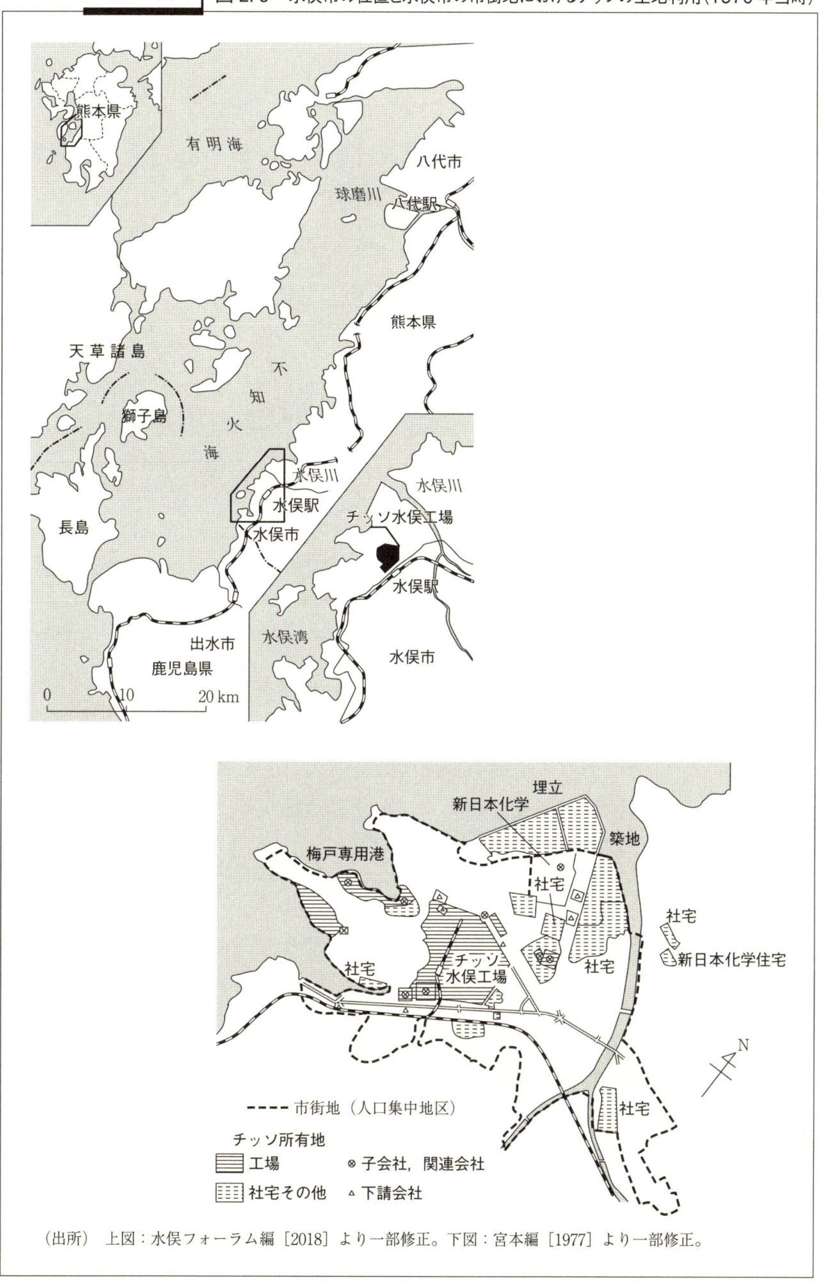

（出所） 上図：水俣フォーラム編［2018］より一部修正。下図：宮本編［1977］より一部修正。

山の操業を続けただけでなく，谷中村での土地の強制収用と廃村に見られるように公害被害を無視し，反対の声を抑え込みました。

このように企業活動だけではなく，国によって公害被害が拡大されてきたという，政府の失敗◎の側面にも目を向けなければなりません。また，水俣病では，政府が被害者を被害者として認めずに救済をせず，今なお放置しているのです。公害対策や被害救済が企業の利益に大きな影響を及ぼさないように，政府と企業とが一体となって公害被害をできるだけ小さく見せようとする構図が，公害の解決をより難しくしてきたのです。

公害では，学者の責任もまた問われてきました。たとえば，水俣病の原因をめぐって，旧日本軍が爆薬を沈めたためとか，漁民が腐った魚を食べたためなど，科学的根拠の薄い学説が学者たちから出されたことで，原因究明が遅れてしまい，チッソの責任逃れと被害の拡大を許したのです。

公害を招いてきた地域開発の姿

公害が深刻化した背景には，石油化学コンビナートを立地するための工場用地の造成や，工業用水を確保するためのダム建設など，生産のためのインフラ◎整備を進めることによって，企業立地を促してきた国の地域開発がありました。インフラ整備によって企業を地域に呼び込み，それら企業に地域経済や地域社会の運命をゆだねる**外来型開発**が，第二次世界大戦後の日本の地域開発では主流となり，全国各地に広がったことで，公害被害の深刻化を招くことになりました。

しかも，外来型開発は公害を生み出しただけでなく，じつは地域経済の発展にも役立ちませんでした。生産のためのインフラをいくら整備しても，進出するかどうかは企業が決めるため，必ずしも企業立地にはつながりません。また，企業が進出しても，利益は本社がある東京などに流出し，もし利益が上がらなければすぐに撤退するからです。

このことを踏まえると，地域経済を発展させるためには，地域で生み出された利益をなるべく地域外に流出させずに，地域の中にとどめて地域内で資金をめぐらせること，つまり地域内経済循環◎を高めることが重要になります。詳しくは，第**4**章でまた触れることにします。

地域から始まった公害対策

地域が公害被害に苦しめられてきた一方で，それを乗り越えるための公害対策が進められてきたのも，また地域からでした。1960 年代から 70 年代にかけて，公害に反発する世論を背景に，公害対策を積極的に打ち出す地方自治体が次々に生まれました。こうした自治体は，当時の社会党や共産党という革新勢力によって支えられていたため，革新自治体と呼ばれました。

革新自治体がとった環境政策は，じつにユニークなものでした。たとえば，東京都は企業に対して公害防止義務を課し，公害監視委員会を設置する「東京都公害防止条例」を，1969 年に成立させました。これについて国は，条例が法律に違反しているとして反対しましたが，世論の高まりから認めざるをえなくなりました。

また，この条例によって，国の法律による直接規制よりも厳しい基準を定める「上乗せ」や，国が対象外としていた汚染物質も規制する「横出し」を行いました。さらに，実現はしませんでしたが，排気ガスを多く出す自動車に対する課税をより重くすることや，道路の通行料金を高く設定することで，自動車の集中による大気汚染を食い止めるといった間接的手段が提起されるなど，その後の国の公害対策にも大きな影響を及ぼしました。こうした自治体の動きは全国各地に広がり，数多くの公害対策関連の法律を成立させた，1970 年の公害国会へとつながります。

静岡県三島市や沼津市のように，1960 年に持ち上がった石油化学コンビナートの建設計画を中止に追い込む地域も出てきました。住民たちは公害発生の危険性について繰り返し学びながら，数多くの学習会を重ねて世論を動かすことで自治体の姿勢を変え，最終的には巨大企業に地域の未来をゆだねる外来型開発を拒んだのです。その後，反対運動のリーダーの中から沼津市長が誕生するなどして，地域のことは住民自身で決める，地方自治の理念に基づいたまちづくりが進められてきました。

以上のように，自治体が国に先駆けて先進的な環境政策を工夫しながら実践していく，**自治体環境政策**がこの時期に始まりました。現在でも，全国各地の自治体によって環境政策の試行錯誤が重ねられており，新たな政策が地域から生み出されています。その様子は，他の章でも紹介していきます。

環境再生のまちづくりに向けて

これまで述べたように，公害の発生はその地域の自然やアメニティの破壊から始まっており，公害とこれら地域環境の破壊は連続したものです。したがって，公害患者の救済だけではなく，地域の自然再生やアメニティのあるまちづくりも実現することで，ようやく公害を克服したといえるのです。住民が主体となって地域環境や地域コミュニティの再生までを見据えながら，公害問題の解決を図り，持続可能な地域をめざすことを，**環境再生のまちづくり**と呼びます。

すでに紹介したように，環境再生のまちづくりの中には，大気汚染による公害患者が自ら得た賠償金の一部を出しあって設立した，あおぞら財団やみずしま財団などによる取り組みがあります。それらの取り組みでは，住民の間で地域の将来について話し合うワークショップ，地域にある緑地や川の環境調査，公害被害の記憶を将来世代に引き継ぐための環境教育など，幅広いまちづくりの活動を行ってきました。

その一方で，多くの課題も残されています。環境再生のまちづくりを実現するためには，公害患者だけでなく，自治体，かつての加害企業，そして患者以外の住民などの多様な主体が連携・協働していくことが不可欠です。これらの主体が話し合うことのできる場の設定から始まり，実際に再生へ向けた事業を行い，信頼関係やネットワークを築くという動きはまだこれからです。それでも，**第 8 章の Column ❾**で取り上げる持続可能な開発目標（SDGs）への注目など，企業や政府が環境問題に積極的に取り組むことが求められる今の時代の流れの中で，一歩ずつではありますが，環境再生のまちづくりが成果をあげてきています。今後の動きに，みなさんも注目してみてください。

THINK

① あなたが関心のある公害を取り上げ，その被害構造がどのような特徴を持っているのか考えてみよう。

② 公害地域再生（あるいは環境再生）に関係する財団や資料館に出かけることを想定して，調査項目について考えてみよう。

③ 1960〜70 年代の自治体環境政策を 1 つ取り上げ，どこが先進的であったのか，さらに現在の環境政策にどうつながっているのか考えてみよう。

さらに学びたい人のために　Bookguide

林えいだい［2017］『《写真記録》これが公害だ——北九州市「青空がほしい」運動の軌跡』新評論

→第二次世界大戦後の日本は，世界でもまれにみる公害大国でした。この本では，公害の実態や解決へ向けて奔走する人びとの姿が，いきいきと描かれています。写真もたくさん収録されているこの本から，当時の様子に触れてほしいです。

庄司光・宮本憲一［1964］『恐るべき公害』岩波書店（岩波新書）

→この本が世に出てから，公害という言葉が定着しました。なかでも，地方紙の情報をもとにつくられた公害地図は，公害列島と呼ばれた当時の様子を理解するうえで必見です。

除本理史［2016］『公害から福島を考える——地域の再生をめざして』岩波書店

→福島原発事故は，現在も進行している史上最悪の公害事件です。水俣病などの公害の教訓を踏まえた本書の視点は，福島の復興を考えていくためにとても重要です。

CHAPTER

第3章

廃棄物はどこへ向かうのか

大量廃棄社会から循環型社会へ

1990 年頃の香川県豊島の不法投棄現場。この「事件」が，循環型社会に向けた取り組みへの大きなきっかけとなりました。

KEY WORDS

- □ 物質フロー
- □ 3R
- □ 循環型社会
- □ 排出事業者責任
- □ エコタウン事業
- □ 物質代謝
- □ バッズ
- □ 分断型社会システム
- □ 拡大生産者責任
- □ グリーン購入

1 テーマと出合う

ごみを減らすためには？

ごみ処理施設の見学はとっても興味深かったけど，ゲンバくん，何だか今日はずっと元気がなかったね。どうしたの？

今日は，燃えるごみの日だったんだけど，ついつい適当に分別して，ペットボトルも一緒の袋に入れたまま出したら，近所の人にきつく叱られたんだよ。

ちょっとだらしないね。今日見学させてもらったように，しっかり分別すればペットボトルもリサイクルされて，そのぶん資源の節約にもつながるよね。

だけど，1人暮らしでもごみがたくさん出るし，全部ちゃんと分別するのって，かなり難しいよね。

ごみがたくさん出るかどうかは，ライフスタイルによるところも大きいよ。昔はなんでも最後まで大事に使う習慣があったし，修理するお

店もあったから，捨てるものは今よりずっと少なかったよ。

今日の見学でも，使い捨てをやめてリサイクルやごみの減量化を進めなきゃって学んだよね。私は自炊をするし，そんなにたくさんのごみは出ないな。コンビニのお弁当ばかり買ってたら，話は別だけど……。

はい，それは私ですよ……。

今度，ゲンバくんも呼んで，ごみの減量だけでなく，ゲンバくんの減量（ダイエット）と健康のためにも，お料理教室でも開こうかな？

POINT

- ごみの分別を適当にすると，近所の人に叱られますので注意しましょう。
- 大量に出たごみを処理することが当たり前の社会から，リサイクルやごみの減量化を進める社会へと変化しつつあります。
- ごみ問題を解決するために，ライフスタイルを見直すなど，私たちにできることも多くあります。

テーマを理解する

廃棄物問題をどうとらえるのか

「とるに足らない」ものが廃棄物問題に

この章では，私たちの生活にとって身近なごみについて考えていきます。ところで，ごみって漢字で書けますか。パソコンで入力してみると，塵（ちり）や芥（あくた）に変換されます。このうち「塵」の漢字からは，草原を走る「鹿」の足もとから立つ，「土」ぼこりをイメージできるでしょう。また「芥」は「からし」とも読みますが，これは粒の細かい植物のことです。いずれの漢字も，「とるに足らない」という意味があります。

このように「とるに足らない」はずのごみが，都市化や高度経済成長にともなって大きな社会問題となってきました。東京都のごみ量は 1967 年の 276 万トンから，76 年には 515 万トンへと 2 倍近くに膨れ上がりました。量が大幅に増えただけではありません。プラスチックやビニールなどの処理が難しいものや，電気器具や家具といった粗大ごみが増えていき，処理するための費用は 4 倍近くまでに膨れ上がりました。

「昔はものを大切にしていた」ということを，お年寄りの人たちから聞くことがあると思います。生活が豊かになる中で，無駄や浪費をともなう消費生活や経済活動が広がって，とるに足らなかった「ごみ」が，社会全体で対応しなければならない「廃棄物問題」になっているのです。

物質フローから見える廃棄物問題

廃棄物問題は，ごみの分別などに取り組むだけでは解決にはつながりません。まずは，それらのごみを含めた物質がどこから来て，どこへ向かうのかという，全体的な流れをつかむ必要があります。

図 3.1 は，日本における物質の全体的な流れ，つまり**物質フロー**を示したものです。2015 年度において，日本国内の経済活動のために国外から 7.2 億トン，国内から 5.8 億トン，あわせておよそ 13 億トンの天然資源が使われています。その結果，生み出された製品のうち 1.8 億トンが輸出され，国内には 5.0 億トンの製品が残されます。さらに，この国内の製品以上に多い 5.6 億トンが，廃棄物として排出されています。

この中で注目してほしいことは，製品として国内に残された 5.0 億トンです。たとえば，新しく建ったビルや新車も永久に使い続けることはできないので，将来においては必ず廃棄物になります。つまり，ゆくゆくは廃棄物になってしまうものを，国内に毎年ため込み続けているのです。

このような現実を前にして，どのような解決策が考えられるのでしょうか。廃棄物を減らすための方法の 1 つは，一度使ったものを，そのままの形でもう一度使うことです。これは再利用であり，リユース（Reuse）ともいいます。たとえば，牛乳やビールのビンは一度回収されてきれいに洗ってから，もう一度同じようにビンとして使われ，私たちのもとに戻ってきます。

CHART 図 3.1 日本における物質フロー（2015 年度）

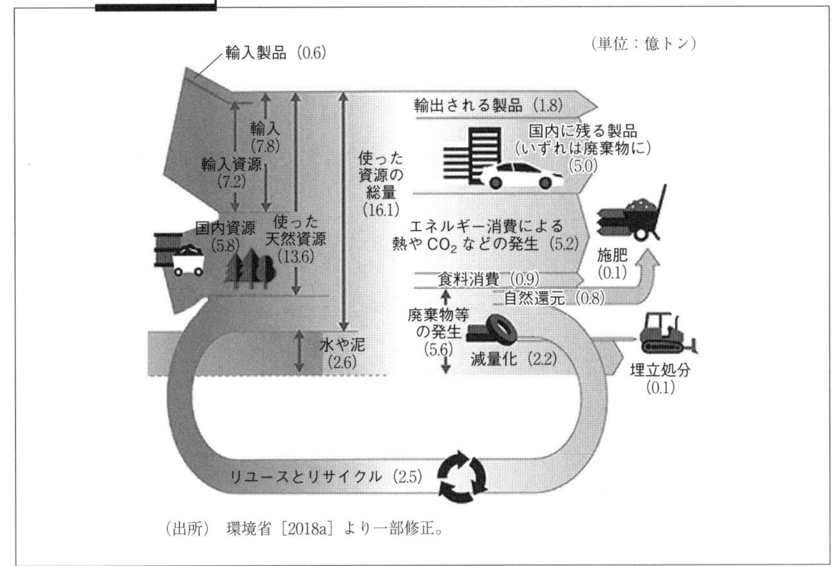

（出所） 環境省［2018a］より一部修正。

もう 1 つ，再資源化，つまりリサイクル（Recycle）もあります。これは廃棄されたものを回収し，それを原料として加工して，別のものとなって私たちのもとへと戻ってくることです。たとえば，古新聞を回収してトイレットペーパーにすることや，プラスチックごみからジャンパーやシャツをつくることがあげられます。

リユースやリサイクルは，いずれも出された廃棄物への対応といえます。2000 年度から 2015 年度にかけて，リユースとリサイクルはあわせて 2.1 億トンから 2.5 億トンへと増えています。その結果，埋立処分される廃棄物の量が大きく減ってきています。

こうしたリユースやリサイクル以上に重要なのは，そもそも廃棄物が出ないようにすること，つまり発生抑制です。これをリデュース（Reduce）といいます。これには，生産者が製品を生産するときに，できるだけ廃棄物を出さないように設計や製造工程を工夫したり，消費者が製品を長く使い続けることができるようにすることも含まれます。

以上のような Reduce，Reuse，Recycle を，あわせて 3R と呼びますが，この 3 つの間での順番が重要です。最優先は，そもそも廃棄物を出さない Reduceです。その次は，発生してしまった廃棄物をそのまま使うReuseです。そして最後に，原料として使うRecycleです。これらの順番で対策を進めることによって，リサイクルで消費されるエネルギーを少なくし，また資源の無駄や浪費を小さくすることができます。こうした3Rの取り組みを徹底した**循環型社会**をつくることで，廃棄物問題の解決だけではなく，エネルギーや資源の浪費を減らしていくことが今，求められているのです。

2つの廃棄物

1人暮らしをしている（あるいは経験したことがある）人ならば，自宅から出すごみは，しっかり分別することが求められ，また種類によって出すことのできる曜日も決まっていることを知っているでしょう。これらの家庭から出されるごみは，市町村が責任を持って処理することになっています。これを一般廃棄物と呼びます。**図3.2**のように，これ以外に後で説明する産業廃棄物（産廃）という区分もあり，1970年に成立した廃棄物処理法によって廃棄物はこの2つに分けられました。

次に**図3.3**を見ながら，これらの廃棄物の排出量の推移を見ていきましょう。おもに家庭から出される一般廃棄物の排出量は，最も多かった2000年度に年間5483万トンに上りましたが，現在は4500万トンを下回る量（東京ドーム約120杯分）となっています。個人消費の低迷や人口減少，またこれまでにリサイクルが進められてきたことが要因として考えられています。それでも処理するためには多くのお金が費やされており，その金額は2016年度には年間1.96兆円，国民1人当たり1万5300円の負担にまでなっています。

一方で，廃棄物は家庭からだけではなく，企業からも出されています。こうした企業による事業活動にともなって生じる廃棄物のうち，政令で定められた20種類を産業廃棄物と呼んでいます。それ以外の廃棄物は，原則として一般廃棄物に区分されます。産廃は**排出事業者責任**に基づいて，原則として事業者自らが処理することになっています。2015年では年間約3億9119万トンが排出され，一般廃棄物の9倍近くの量に上っています。産廃の排出量は景気の動向によって左右されますが，**図3.3**で見ると，ここ20年ほどは4億トン前後で推移しています。

CHART 図 3.2 一般廃棄物と産業廃棄物

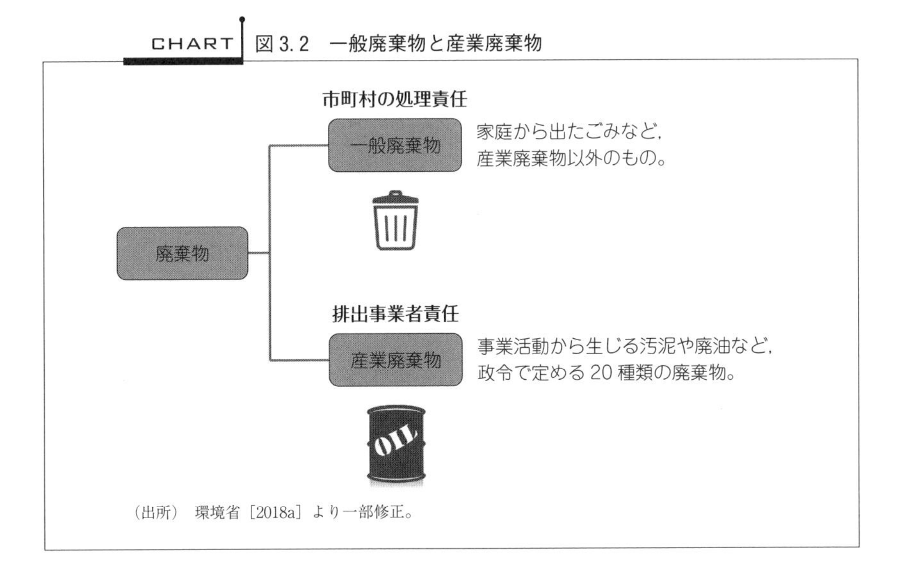

（出所） 環境省［2018a］より一部修正。

CHART 図 3.3 一般廃棄物と産業廃棄物の排出量の推移

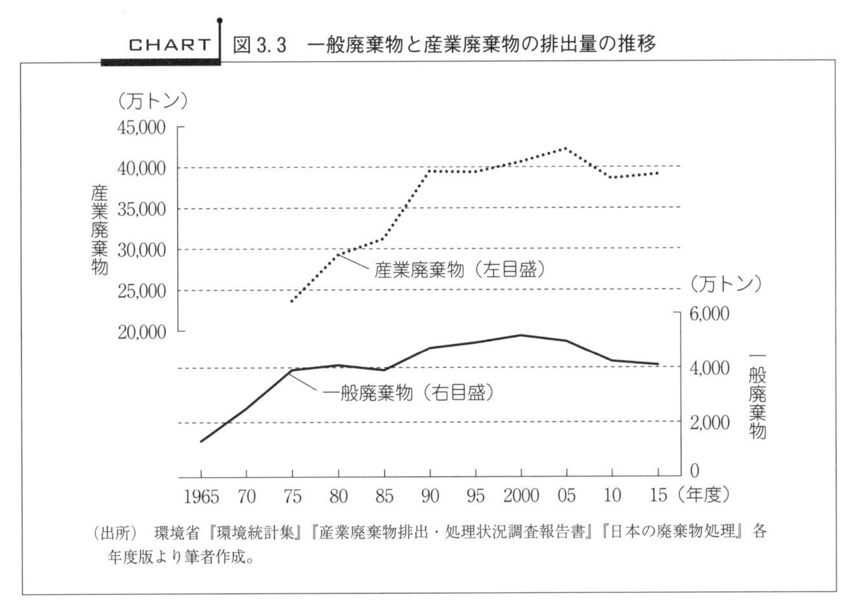

（出所） 環境省『環境統計集』『産業廃棄物排出・処理状況調査報告書』『日本の廃棄物処理』各年度版より筆者作成。

移動する廃棄物がもたらした地域間の対立：2 つのゴミ戦争

ところで，遠くで出された廃棄物が自分たちの地域へと流れ込んできたら，どうでしょうか。誰もが反発するでしょう。じつは，これまで日本では二度ほど，このことが大きな社会問題になりました。

まず，1950年代後半から70年代にかけて，東京都江東区と他の区との間で激しい対立が起こりました。江東区には「夢の島」と呼ばれる埋立処分場がつくられ，1日に5000台以上のごみ収集車がこの処分場に押し寄せた結果，周辺住民は悪臭，交通渋滞，ごみ火災，およびハエの大量発生に苦しんでいました。このような処分場にかかわる問題を改善するために，江東区は他の東京23区にごみ処理施設の整備を進めることを求めた結果，多くの区で対応がとられました。しかし，杉並区では住民の反対運動などから処理施設の建設が進みませんでした。これに業を煮やした江東区は，杉並区からの廃棄物の受け入れを拒否し，ごみ収集車を追い返すという事態になりました。これは「東京ゴミ戦争」とも呼ばれました。

次に地域間の対立が激しくなったのは，1980年代から90年代初めにかけて，大量の産廃が首都圏や関西圏から地方圏へと流出したことに由来します。バブル経済の時期でもあり，地価が高かった首都圏では埋立処分場が確保できなかったため，土地が安く手に入る東北地方をはじめとした地方圏に埋立処分場や処理施設が次々につくられ，そこへ廃棄物が向かったのです。とくに，首都圏からの廃棄物の流入が多かった東北地方では，「東北ゴミ戦争」とまで呼ばれました。なかには，硫酸が入ったドラム缶などの，有害物質が含まれた廃棄物が不法投棄に近い状態で放置されたケースもあり，大きな社会問題になりました。

産廃が首都圏などから地方圏へと大量に流れ込む構図は，現在も続いています。2015年度には中部圏からは308.2万トン，関東圏からは286.3万トンの産廃が他地域に流出しています。その一方で，九州・沖縄圏へは351.6万トン，中国圏へは196.0万トン，北海道・東北圏へは171.4万トンという大量の産廃が流入しています。

不法投棄はなぜ防げなかったのか：豊島不法投棄事件

こうした廃棄物の広域移動の中で不法投棄が起こり，深刻な環境破壊が引き起こされました。香川県にある豊島は瀬戸内海に浮かぶ小島ですが，ここで起きた豊島不法投棄事件は，その後の日本の廃棄物政策を大きく変えるほどの衝撃的なものでした。

1970年代の終わり頃から，ミミズの養殖を行うという名目で操業していた豊島観光開発という業者が，関西圏から10年以上にわたって大量の廃棄物を島に受け入れ続けていました。しかし，受け入れていた廃棄物のおもなものは，シュレッダーダストでした。これは，廃棄された自動車を粉々に砕き，そこから鉄や金属類を取り除いて残ったプラスチック，ゴム，およびガラスが混じったものです。このシュレッダーダストを野焼きして，残ったかすは不法投棄するということを続けたため，環境汚染が深刻化していきました。こうした野焼きや不法投棄が続けられた10年の間，廃棄物処理法に基づいて取り締まりを行うはずの香川県は全く動きませんでした。なぜでしょうか。

不法投棄をしていた業者は，1トン当たり300円でシュレッダーダストを資源として買い取っているため，それらは廃棄物ではないと主張しました。そして，香川県もこうした主張を認めてしまい，取り締まりをしてきませんでした。しかし，実際はこの300円のお金の動きとは別に，シュレッダーダストの排出事業者は運送費の名目で1トン当たり2000円を，不法投棄をした業者に支払っていたのです。つまり，取引の全体としては排出事業者から不法投棄をした業者に，1700円のお金が処分費として支払われていたのです。

こうして脱法的な取引で集められた廃棄物の野焼きや不法投棄は続き，ようやくそれらが止まったのは1990年でした。その結果，島にはダイオキシンを含む有害廃棄物が50万トン以上も残されてしまいました。不法投棄された廃棄物を撤去し，土地を元の姿に戻そうにも，投棄した業者は倒産しており，また業者に廃棄物を渡した排出事業者も特定できませんでした。廃棄物を撤去する経費を誰が支払うのかも決まらないまま，現地にそのまま置いておこうとする香川県と，あくまでもすべて島の外に撤去することを求める住民との間での対立が，さらに10年続きました。2000年になってようやく，国と香川県の負担によって島から全量撤去し，隣接する直島（なおしま）で処理することが決まりました。さらにそこから17年かけ，2017年3月にすべての廃棄物が島から撤去されたのです。

まとめると，何が廃棄物なのかがあいまいで，取り締まることができなかったこと，関西圏で出されたシュレッダーダストが過疎化の進む小さな島に持ち込まれたこと，不法投棄された廃棄物を撤去し，土地を元の姿に戻す責任がどこにあり，さらにそのための費用は誰が支払うのかが決まっていなかったことなどが問題だったといえます。このように，豊島不法投棄事件によって日本の廃棄物政策の問題点が次々と浮き彫りになり，これらの教訓を踏まえて，不法投棄対策やリサイクルのための法整備が進んできたのです。

「あとしまつ」重視から 3R へ

日本では長らく，廃棄物をできるだけ早く清潔に処理して，伝染病を防ぐことを重視してきました。そのため，とにかく廃棄物をたくさん集めて燃やしてしまうという，「あとしまつ」重視の対応がおもに政府によってとられてきたのです。高度経済成長期に入って廃棄物の量が増えて，またプラスチックなどの処理が難しいものも増える中，規模が大きくて何でも燃やせる，高度な焼却処理施設を整備してきました。しかし，こうして出てくる廃棄物のあとしまつをひたすら行う政策は，かえって廃棄物の増加を促し，廃棄物問題はいっそう複雑化し，深刻になっていきました。

第 1 に，環境汚染が引き起こされました。たとえば，乾電池などの有害物質を含むものを焼却すると，これらの物質を大気中にまき散らすことにもなります。また，焼却することで有害物質が新たにつくられてしまうこともあります。たとえば，2000 年前後には全国各地のごみ処理施設の周辺から人体に有毒なダイオキシンが相次いで検出され，ダイオキシン・パニックといわれるほどの社会問題になりました。

第 2 に，深刻な財政悪化を招きました。増加する廃棄物を処理するために，1990 年代後半にかけて地方自治体による処理施設の建設が数多く行われました。そして，そのための自治体の借金残高は 1991 年の 1.5 兆円から，1999 年には 4.3 兆円にまで膨れ上がりました。じつは，これを私たちは過去のこととして済ませることはできないのです。そろそろ全国各地で，この時期に建設された処理施設が更新されはじめるからです。

こうしたあとしまつ重視の対応の限界が明らかになったことから，国は 2000 年を「循環型社会元年」と位置づけ，循環型社会形成推進基本法をはじめ，リサイクルに関する多くの法律や制度を整えました。これらによって，国や自治体といった政府が廃棄物処理をおもに担ってきた政策が見直され，生産や流通に携わる企業はもちろん，リサイクル業者や住民などとも連携・協働し，3R に関する取り組みが進められてきました。

たとえば，スーパーに白色トレイやペットボトルの回収場所が設置されたことも，その成果の 1 つです。また，自動車リサイクル法によって，消費者は自動車を購入するときには必ず，前もってリサイクルのための費用を支払わなければなりません。メーカーはこれらのお金を使って，廃車になったときに環境汚染が生じないように，リサイクルすることが義務づけられています。

また，産廃の流入に苦しむ県を中心に，2000 年以降から 1 トン当たり 800～1000 円を徴収する産業廃棄物税（第 **1** 章 **Column ❷**）が導入されてきました。この仕組みによって，産廃を減らすと経済的に得をするようになったので，企業は産廃を減らすための努力を重ねるようになりました。さらにこの税収をリサイクルの技術開発に対する補助金としてあてることで，産廃の発生抑制をより進める効果が発揮されています。

一般廃棄物についても，3R を促すためにごみ袋の価格を上げるなど，ごみの有料化に取り組む自治体が増えています。ごみの有料化は，2018 年 10 月の時点で 63.6% の自治体が導入しています（山谷［2018］）。

地域から循環型社会をつくる：エコタウン事業と生ごみの堆肥化の事例

こうした廃棄物政策やリサイクルの取り組みは，地域においても積み重ねられてきました。ここではエコタウン事業と生ごみの堆肥化を取り上げます。

エコタウン事業は，経済産業省と環境省が中心となって 1997 年から開始され，**図 3.4** のように，全国各地で取り組まれてきました。この事業は，リサイクル産業を地域の中で集積させることで産業振興を図り，自治体や住民が連携・協働しながら，循環型社会の構築をめざすものです。

福岡県北九州市では，大学などが協力して人材育成を行う「教育・基礎研究」，リサイクル技術の開発を行う「技術・実証研究」，リサイクル事業などの環境ビジネスを展開する「事業化」の 3 本柱で進められています。とくに，響灘（ひびきなだ）地区においては 26 もの企業が立地しており，リサイクル産業の一大集積地が形成されています。ここでの事業は，自治体が財政などを用いながら，企

CHART 図3.4 全国のエコタウン事業の承認地域

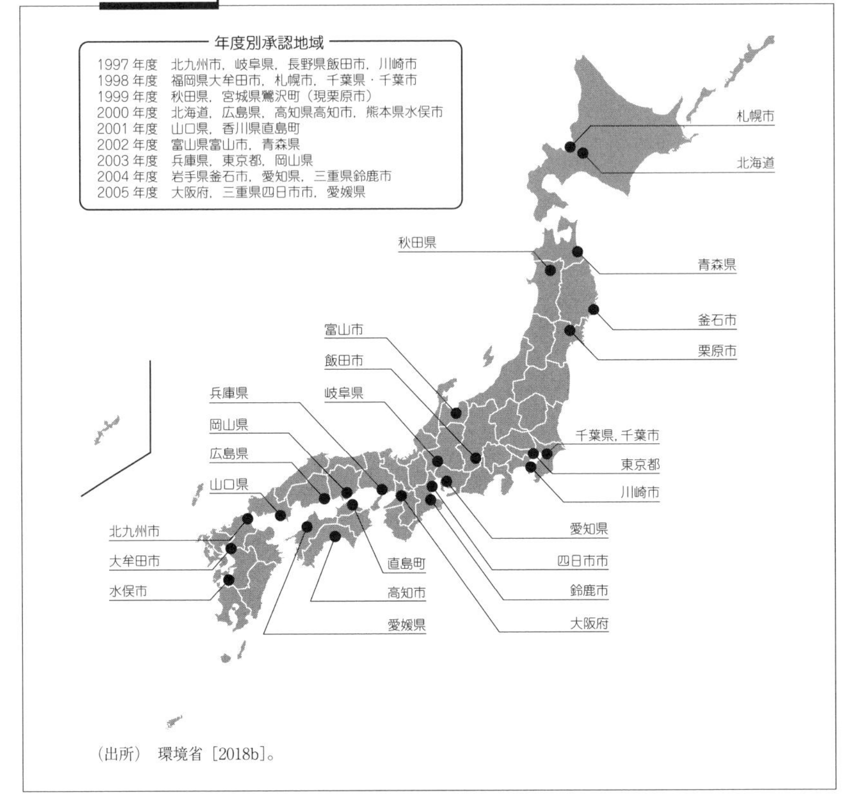

（出所）　環境省［2018b］。

業によるリサイクルを支援していくものでした。しかし，それだけでは出てきた廃棄物を多くのエネルギーを使いながら大量にリサイクルすることになるので，企業は利益を得ることはできても，廃棄物の発生抑制やエネルギー・資源の節約にはつながらないかもしれません。

そこで，住民の役割が重要になってきます。北九州市は，住民が気軽にエコタウン事業について学ぶことができる「エコタウンセンター」を開設し，住民と企業や自治体との間でのコミュニケーションの形成を重視しています。ここでの学習活動を通じて，住民がエコタウン事業の実際を知り，またそれによって自らのごみに対する意識を高めることで，産業振興という側面だけに偏った政策にならないようにしながら，循環型社会に向けて地域が一体となって取り組んでいくことをめざしています。

先ほどごみの有料化について少し触れましたが，生ごみの堆肥(たいひ)化と組み合わせて熱心に取り組んでいる地域の１つが，山形市です。そこでの取り組みのポイントは，ごみの分別の種類を増やしたり，生ごみ堆肥化を促したりするなど，家庭ごみを減らすことができる選択肢を住民に用意し，ごみを減らす方向へと住民を誘導していくことにあります。

山形市では，1992 年から生ごみを乾燥させる機械などの購入に，最大３万円までを補助する事業に取り組んできました。その結果，2016 年までにおよそ 9600 基の機械を普及させました。こうして各家庭から出されるようになった乾燥生ごみをもとに，堆肥をつくっています。これらの堆肥はコンポストと呼ばれます。また，市民が乾燥生ごみを持ち込むと，新鮮な地元野菜などと交換できるポイントをもらえる「生ごみやさいクル」制度によって，住民と農家をつなぐ試みも行われています。

以上のように，おもに政府による廃棄物のあとしまつを重視した廃棄物政策は，企業や住民も含めた多様な主体が連携・協働し，地域から循環型社会をつくることをめざすものへと変わりつつあるのです。

WORK

① 処理施設の立地や不法投棄をめぐる地域間の対立の事例について，新聞記事検索を使って調べてみよう。
② 自分が住んでいる自治体が，処理施設やリサイクルのためにどれくらい費用をかけているのか調べてみよう。
③ あなたが関心のあるエコタウン事業について，これまでの取り組みや現状を調べてみよう。

3 テーマを考える

循環型社会をどうつくるのか

物質代謝の行きづまり

経済学が扱うのは，市場にかかわる「生産・流通・消費」がほとんどです。

CHART 図 3.5 人間と自然との間の物質代謝

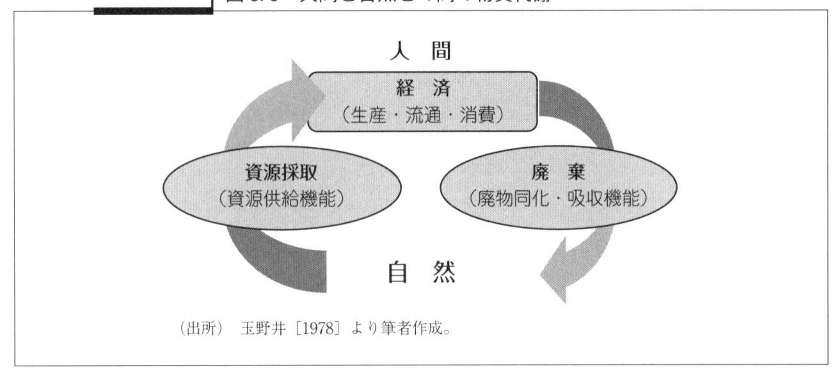

（出所） 玉野井［1978］より筆者作成。

しかし，当たり前のことですが，消費の後には「廃棄」という形で，自然に対してものを排出します。また，生産の前には「資源採取」という形で，自然からものを取り出します。じつは，こうした廃棄や資源採取は，これまでの経済学ではあまり注目されてきませんでした。これらを重視し，人間と自然との間の**物質代謝**と名づけたのが，経済学者のマルクスでした。

図 3.5（右側）に示している，人間から自然への矢印は廃棄物問題を表わしています。図 3.1 の物質フローで見たように，日本は毎年のように生み出される廃棄物に加えて，将来的には廃棄物になってしまうものを蓄積し続けてきたので，環境が備える廃物同化・吸収機能をはるかに上回った状況にありました。そのため，環境汚染問題としての廃棄物問題が生じてきました。

また，資源採取についても，無駄や浪費を重ねてきた中で，環境が備える資源供給機能を大きく上回っています。それゆえ，廃棄物問題の根本的な解決には，図 3.5（左側）にあたる，自然から人間への矢印が表現する資源採取も見直さなければなりません。

以上のように，環境が備えている機能の限界を超えて人間が資源採取を行い，さらに廃棄を重ねている状況について，マルクスは「人間と自然との間の物質代謝」が行きづまった状態であるといったのです。このように，自然から人間への資源採取と，自然への廃棄という物質フロー全体を視野に入れて，廃棄物問題を大きくとらえることが大事です。

グッズからバッズへ

あなたが今持っているものが，まだ使うことができて，お金と引き換えに他の人に譲り渡すことができるのであれば，それは「ごみ」でしょうか。そうではありませんよね。このように，ものにプラスの価格がついて，お金と引き換えにそれを受け取ることができることを有償といいます。

50年以上も前に，経済学者として廃棄物問題を先駆的に取り上げた柴田徳衛は，次のようなエピソードを紹介しています。外国人の奥さんが，台所の勝手口でごみ収集にきたおじさんともめていました。よくよく聞いてみると，奥さんはごみを引き取ってもらったので，その処理費用としてお金を渡そうとしたのですが，ごみ収集にきたおじさんはそれを断っただけでなく，奥さんにお金を渡そうとしてもめていたというのです。当時の日本は，まだ化学肥料も十分に普及しておらず，台所の生ごみは廃棄物ではなく，肥料の原材料という資源としての需要があったため，有償で譲り渡されていたことがわかります。

このように有償で取引される，つまり「プラスの価格」がついて取引されるものをグッズ（goods）といいます。1960年代はじめ頃の日本では，生ごみは肥料の原材料としてプラスの価格がついて取引されていたようです。しかし，家庭から出される生ごみが増えて供給が多くなる一方で，化学肥料が安くなるなどして肥料としての生ごみの需要が少なくなりはじめます。さらに，集めて回るための人件費も高くなって，誰も引き取り手がいなくなってしまいます。かといって生ごみを放っておくと，すぐに悪臭や不衛生の原因になってしまいます。こうして，かつては買い取ってもらえた生ごみは，逆にお金を支払ってでも引き取ってもらわなくてはならない，厄介なものへと変化していきました。

こうして生ごみは，お金を渡してものを受け取る有償とは異なるものへと変化したのです。つまり，お金を支払ってものを引き渡す，逆有償になったのです。**図3.6**（右側）を見てください。誰も引き取り手がいないので，お金を払って引き取ってもらい処理するということは，生ごみに「マイナスの価格」がついているといえます。こうしたマイナスの価格がついているものを，グッズと対比して**バッズ**（bads）と呼びます。以上のように，時代とともに生ごみはグッズからバッズへと変化していったのです。なお，ものによっては国内か

CHART　図 3.6　グッズとバッズの違い

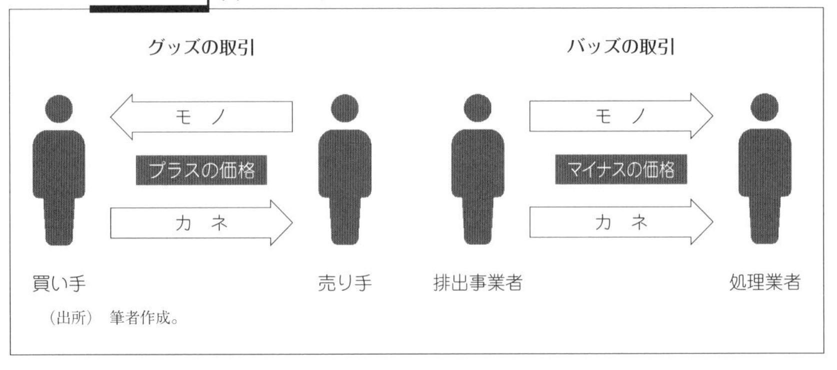

（出所）　筆者作成。

ら外国へと移動することで，バッズからグッズへと変化する場合もあります。このことについては，第**8**章で取り上げます。

バッズの取引がもたらす不法投棄

産廃の不法投棄がたびたび起こってしまう背景には，こうしたバッズの取引に関する特徴があります。グッズの取引では，図 3.6（左側）のように，買い手はお金と引き換えにもの（商品）を手に入れます。そこでは，その商品に欠陥があれば，「もうあの店では買わない」となりますし，さらにそのことが噂になって広がって，お店はつぶれてしまうことになるかもしれません。このように悪質なお店は，市場からはやがていなくなります。

これに対してバッズの取引においては，図 3.6（右側）のように，ものとお金が同じ方向に流れます。そのため，お金を払ってもの（廃棄物）を引き渡した後に，処理業者がきちんと適正に処理したかどうかを，ごみを出した側（排出事業者）は確認しにくくなるのです。これは第**1**章で取り上げた情報の非対称性と呼ばれるものであり，市場の失敗◎をもたらします。不法投棄されても排出事業者の責任が問われないのであれば，より安い処理料金で担ってくれる業者を探して処理させるでしょう。そしてこの場合，最も安く処理する方法は不法投棄ですから，市場競争で生き残るのは，不法投棄をする悪質な業者になってしまいます。これを逆選択といいます。こうして不法投棄がなくならないのです。

このような事態を防ぐために，都道府県は産廃処理業者の許認可権を持ち，悪質な業者を排除しているのです。さらに，排出事業者は産業廃棄物管理票制度（マニフェスト制度）によって適正処理されたかどうかを，処理業者が送り返してくる書類（マニフェスト伝票）をもとに確認する義務を負っています。この制度は，豊島不法投棄事件を教訓に設けられました。

不法投棄のコストは誰が負担するのか

豊島不法投棄事件で見たように，不法投棄を行った処理業者は資金力がないところが多いため，不法投棄が発見された後であっという間に倒産してしまい，不法投棄の現場が放置されてしまうことがほとんどです。悪質な業者に委託した排出事業者が責任をとって，不法投棄された現場をきれいにすればよいのですが，現実にはそうなっていません。結局は，それらの現場を抱える地元自治体が税金を使って廃棄物の撤去を行ってきました。

不法投棄された現場では，周辺の土壌も含めて深刻な汚染をもたらすことが多く，廃棄物の除去・撤去だけでなく，排水の浄化や植生回復といった周辺環境を元に戻すための作業も必要になります。これには長期間にわたって膨大な費用がかかります。豊島不法投棄事件では，およそ560億円以上かかりました。

27ヘクタールの敷地に150万トンもの廃棄物が不法投棄された青森・岩手県境不法投棄事件では，首都圏から流入した廃棄物が全体の約9割を占めていました。岩手県側だけで約231億円，青森県側で約478億円を投じる予定で，あわせて実に700億円を超える費用と，2004年から2022年まで（予定）という膨大な時間が必要になっています。

首都圏から流入した廃棄物が不法投棄されたうえに，地元自治体の負担によって長い時間をかけて片づけなくてはならないという理不尽な状況に，さすがの国も費用の一部を負担するために，2003年に産廃特措法を制定しました。しかし，地元自治体への負担はいまも重くのしかかったままです。

結局のところ，現在の制度においては処理業者も排出事業者もともに，不法投棄の責任や費用負担を逃れることが許される，まさに「捨てた者勝ち」の状況になっているのです。

大量廃棄社会は克服できるのか

そもそも廃棄物を出さないことが大切であると主張されながらも，大量廃棄社会が定着してしまったのはなぜでしょうか。過剰な包装や容器の増加，捨てるときに分別しづらい製品の設計，有害で処理が厄介な物質を含んだ原材料の使用。これらのことは，すべて廃棄の段階になって，あとしまつのための手間と負担を増やすことにつながります。このような手間や負担のほとんどは，これまでは自治体をはじめとした政府が税金を使って負ってきました。

そのおかげで，企業は廃棄物として出されたときのことを考えずに，より安く大量に生産することを優先してきました。たとえば，分別しづらい設計に基づいて，商品の生産を続けることができたのです。同じように消費者も，便利に消費することだけを考えればよかったのです。たとえば，ビンは何度も使えてリユースにもつながりますが，持ち運びを考えると，ペットボトルのほうが軽くて便利なので，ペットボトル飲料の消費量は増え続けてきました。

このように，ものの流れとしては生産，流通，消費，廃棄とつながっているにもかかわらず，それぞれ企業や消費者といった主体が別々に，廃棄物のことを考慮に入れないで意思決定してきました。**図3.7**からわかるように，企業はたくさんものをつくって，それらを売ることで利益を得ようとし，消費者はごみになることを考えないで，より便利なものや満足度の高いものを選んでいきます。このように，廃棄のことを考えないままに生産・流通・消費を行う人びとが，それぞれ別々に意思決定する**分断型社会システム**であったために，社会全体として大量生産・大量消費が維持され，廃棄物問題が深刻化したのです。

こうした大量廃棄社会を克服して，廃棄物問題を解決するためにはどうすればよいのでしょうか。そのためには，自治体などの政府が廃棄物の処理をおもに引き受けてきたこれまでの構図を変えて，廃棄物のあとしまつの責任と費用負担を生産者にも負わせる，**拡大生産者責任**（Extended Producer Responsibility：EPR）という考え方がポイントになります。

この考え方に基づいて制度を整えることで，生産者は廃棄されるときの手間と負担を少なくしようと，本気で取り組むようになるでしょう。その結果，企業は廃棄物がなるべく発生しないような製品の設計や，生産や流通の方法を工

CHART 図 3.7 分断型社会システムの構図

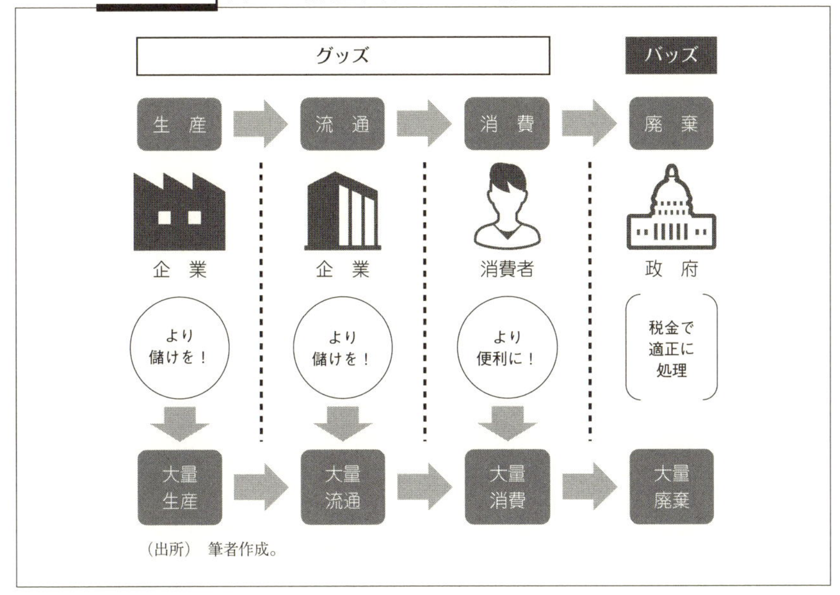

（出所） 筆者作成。

夫するようになり，廃棄物問題は解決へ向けて大きく前進することが期待されます。

日本でも，この EPR の考え方がリサイクルの法制度などにも導入されつつありますが，多くの課題が残されています。たとえば，容器包装リサイクル法の制定によって，飲料メーカーもペットボトルのリサイクルのための費用を一部負担することになりました。しかし，最もお金がかかる収集や保管・選別は相変わらず自治体が行っているため，メーカーの負担は軽いままです。その結果，ペットボトルの生産量は増え続けており，原材料である石油資源の節約にはつながらずに，むしろたくさんのエネルギーを使った「大量リサイクル」が定着してしまっているのです。

循環型社会に向けて私たちができること

今，大量廃棄のあとしまつから循環型社会の構築へと，廃棄物政策が大きく変化しつつあります。循環型社会に向けて，これまでおもに政府が引き受けてきた，廃棄物のあとしまつに関する責任と費用負担を生産者にも負わせるとと

Column❹ 「不滅の廃棄物」との格闘が始まる

高レベル放射性廃棄物が完全に無害化され，自然に同化・吸収されるまでの時間は10万年とされています。ちなみに，今から10万年前，地球上にはネアンデルタール人がいました。原発稼働にともなって生じる放射性廃棄物は，超長期間にわたって管理し続けなければならないという事実は知られてはいましたが，東日本大震災による福島原発事故以降，この問題が私たちにとってより身近なものとなってしまったのです。

除染作業などによって集められたものも含めて，福島原発事故によって21.8万トンもの放射性廃棄物が岩手県から静岡県まで広範囲に存在し，「指定廃棄物」として保管されています（2018年12月末時点)。この指定廃棄物は，これまでの廃棄物と違って無害化処理できず，長期間にわたって放射線量が下がらないのです。経済学者のクネーゼは，このような放射性廃棄物を「不滅の廃棄物」と呼びました。これらをどこでどのように管理・保管するのか，各地で議論が続いています。私たちはこの事態にどのように向き合えばよいのか，その答えはまだ見つかっていません。

もに，多様な主体（企業，消費者，政府，処理業者，容器包装リサイクル協会など）が連携・協働する，ガバナンス◎の構築が求められています。

北九州市のエコタウン事業において，自治体は企業の集積や人材育成への協力のほかに，住民による学習活動の支援や情報公開といった，第**1**章でも取り上げた政策手段◎の１つである基盤的手段を用いて，住民と企業をつなぐなど，積極的な役割を果たしてきました。山形市の生ごみの堆肥化では，ごみの有料化やコンポスト機械の導入に補助金を出すといった経済的手段や，「生ごみやさいクル」制度によって住民と農家が互いの意識を高めあうといった基盤的手段など，多様な政策手段が用いられてきました。これらの政策手段を用いながら，各主体の連携と協働をいかに引き出していけるのか。自治体による循環型社会に向けたガバナンスの構築は，ようやく始まったばかりです。

その中で，消費者である私たちはどのようなことができるのでしょうか。まず，廃棄物を出すときにしっかり分別することです。リサイクルにとって最もお金がかかるのは，収集や分別のための費用です。分別を徹底するという私たちの行動は，こうした費用を削減することにつながり，結果としてリサイクルへの支援になります。

次に，**グリーン購入**を実践することです。グリーン購入とは，製品やサービスを購入する際に，環境への負荷ができるだけ少ないものを選ぶことです。たとえば，リサイクル製品といった廃棄物の減少につながる製品を購入することで，企業による廃棄物問題の解決へ向けた活動を促すことができます。

今なお色濃く残る大量廃棄社会を克服して，循環型社会を構築するために何をすべきか，また何ができるのか。私たち1人ひとりに問われています。

THINK

① グッズからバッズへ，またはバッズからグッズへと変化したものを探してみよう。そのうえで，なぜそのように変化したのか考えてみよう。

② あなたが関心のあるリサイクル法を1つ選び，その特徴を調べたうえで，どこに拡大生産者責任の考え方が取り入れられているのか，またそれが3Rにどのようにつながるのか考えてみよう。

③ 環境省の「環境ラベル等データベース」から，リサイクル製品の認証マークを調べたうえで，グリーン購入をどのように実践できるのか考えてみよう。

さらに学びたい人のために　Bookguide

柴田徳衛［1961］『日本の清掃問題――ゴミと便所の経済学』東京大学出版会

→日本の経済学の中で，最初に廃棄物問題を取り上げた本。50年以上も前の様子がよくわかり，大変読みやすく，また分析も鋭いです。

玉野井芳郎［1978］『エコノミーとエコロジー――広義の経済学への道』みすず書房

→「人間と自然との間の物質代謝」の重要性をいち早く指摘した本。廃棄物問題が経済学の考え方の転換を求めていると説いています。

植田和弘［1992］『廃棄物とリサイクルの経済学』有斐閣

→大量廃棄社会のメカニズムと構造を解明した，廃棄物研究の「原典」ともいえる本。日本の廃棄物政策が抱えている問題点も，具体的に指摘しています。

CHAPTER

第4章

農が育む環境

農村を持続可能にすること

島根県津和野町の農村風景。そこは農業の現場であるとともに，動植物などの「いのちの営み」にもあふれています。

KEY WORDS

- □ 過疎化
- □ 耕作放棄地
- □ いきものブランド米
- □ 内発的発展
- □ 地域内経済循環
- □ 六次産業化
- □ 農の多面的機能
- □ 生物多様性
- □ 生態系サービス支払い
- □ よそ者
- □ 農村回帰
- □ 関係人口

1 テーマと出会う

どうなる，農村のこれから

おはよう。やっぱり田舎は都会よりも空気がきれいで，気持ちいいね。

農業体験とか農家民泊って，「都会っ子」の僕にとってはすごく新鮮だよ。心が洗われるし，都会にはない大切なものがあるよね。

あれっ？　ゲンバくんは田舎育ちじゃなかったっけ？　ところで，大切なものって，たとえば何かな？

ご飯がおいしいことだね！　自分で野菜とかを採って食べると，いつもの食事よりおいしいね。それとイノシシやシカ，アライグマ，さらにはヌートリアに会えて感動したなあ。自然豊かな農村ならではだよ！

ゲンバくん，それらは農作物を荒らす動物だよ。もともと日本にはいなかった動物も増えてきたので，生態系への悪影響も問題になっているんだよ。

あらら，そうなんですか……。

私は，おすそ分けしてくれたり，長い間受け継がれてきている風習やお祭りなんかも，印象的だったな。やっぱり，田舎は人と人とのつながりが強いのかな。

確かに，都会よりも強いよね。昔から農作業などではお互い助け合ったりしているし，先祖代々住み続けている人も多いからね。

でも，どんどん人口が減っていて，後継者不足も深刻なんですよね。草が伸び放題になってしまった農地も，あちこちで見かけましたよ。

お世話になったおじいさんも，農業だけでは食べていけないから，年金が頼りなんだって。でも，収穫のときの喜びが忘れられないのと，孫に安全な野菜を食べさせてあげたいから農業を続けているそうだよ。

外国から安い農作物がどんどん入ってくるし，農業や農村が生き残っていけるか，今が分かれ目といえるね。

おいしい食べ物のためなら，僕は喜んで農家の後継ぎになりますよ！

農業体験でヘロヘロになってたのに，調子いいんだから……。

POINT

- 都市にはない自然や文化，そして人と人とのつながりといった魅力が，農村にはたくさんあります。
- しかし，農作物を荒らす動物の被害，後継者不足，そして農地の荒廃など，農村はいろいろな難しい問題に直面しています。
- 今，農村を維持していけるかどうかの分かれ目に立っています。

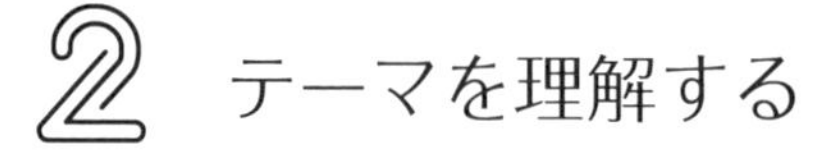

2 テーマを理解する

苦しくも踏んばる農村の今

「いのちの営み」の現場としての農村

この章では，農業が地域の中心的な産業となっている農村について取り上げます。農村では時間がのんびり流れているように感じ，また，のどかな田園風景を前にすると，どこかほっとするという人も多いでしょう。なぜそう感じるのでしょうか。それは，農業が自然と密接にかかわっているからです。

農業では，自然をもとにした植物や動物による「いのちの営み」に人間が働きかけることによって，生産が行われています。これに対して，工業はどうでしょうか。工場で製品をつくる場合を想定すると，原材料を使って製品ができるまでの生産過程は，すべて人間と機械が担います。そこには，農業に見られる「いのちの営み」は含まれません。

また，農業が向き合うのは，植物や動物による「いのちの営み」だけではありません。農業（agriculture）は，土を意味する agri と，学ぶ・修練することを意味する culture とが合わさった，「土との対話」でもあります。つまり，**図 4.1** のように，植物や動物だけでなく，土壌をはじめとした生態系全体による「いのちの営み」に対して，たとえば堆肥をまくなどして常に向き合い続けるのが，農業なのです。

「いのちの営み」に向き合うわけですから，工業のように生産を予定通りに管理することはできません。また，雨が降るか降らないかによって，必要な農作業やできる農作業も変わってきます。このようなところが，農村の時間の流れをゆっくりさせているのではないでしょうか。さらに，一口に農作業といってもじつに多様で，季節とともに変化します。土を掘り起こして耕す。堆肥をまいて土づくりをする。苗を育て，田畑に植え替える。天候に左右されながら水と養分を管理し，草取りをする。そして収穫する。これで終わりではありません。精米，漬物や干し柿といった加工物にするための処理・加工，そして販

CHART 図 4.1 生態系を通した「いのちの営み」の全体像

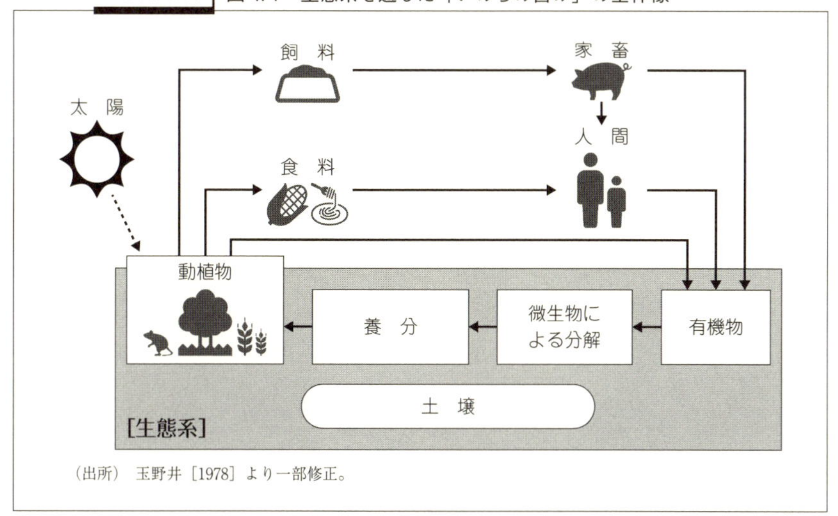

(出所) 玉野井［1978］より一部修正。

売へと続きます。

宮崎駿が手がけたアニメ映画『天空の城ラピュタ』には,「土に根をおろし,風とともに生きよう。種とともに冬を越え,鳥とともに春を歌おう。……土から離れては生きられない。」という詩が出てきます。まさにそのような世界が,日本の農業や農村でも繰り広げられてきたのです。

3つの空洞化に直面する農村

このように人間にとって不可欠な存在である農村ですが,今,大きな困難に直面しています。それは,農村で**過疎化**が進んでいることです。農村は都市に比べて人口密度が低く,疎(まば)らに住んでいるのが特徴ですので,単にそれだけでは過疎化とはいいません。人口減少が進むことで,住民たちが農村での生活を続けられなくなってしまうことを過疎化といいます。この過疎化の歴史を,人,土地,むらという3つの空洞化から見ていきましょう。

1960年代の高度経済成長は,東京などの大都市において,工場での働き手が不足する事態をもたらしました。この人手不足を解消するために給料が高くなり,次男や三男を中心として多くの人びとが農村から都市へと移動していきました。さらに,農家を継いだ長男も,冬場などは出稼ぎに出ていきました。

CHART 図 4.2 農家戸数と農業就業人口の推移

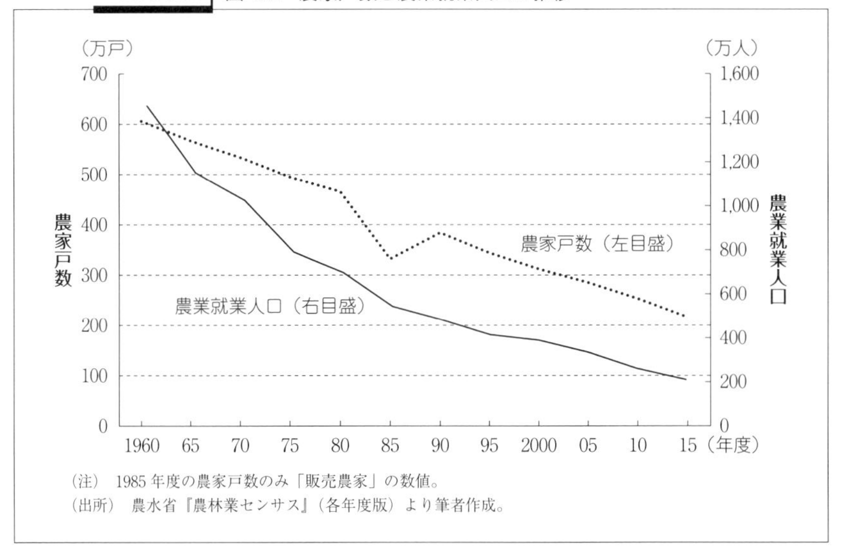

（注） 1985 年度の農家戸数のみ「販売農家」の数値。
（出所） 農水省『農林業センサス』（各年度版）より筆者作成。

その結果，残されたじいちゃん，ばあちゃん，かあちゃんが細々と農業をしていました。これを「三ちゃん農業」といいます。こうして多くの働き盛りの人びとが，次々と農村を後にしていきました。このように，高度経済成長にともなって進んだ大都市への人口移動と同時に起こったのが，**図 4.2** に見られるような農村における急激な人口減少でした。これを人の空洞化と呼びます。

子どもたちを都市へ送り出した親世代も，1980 年代に入ると次第に高齢になっていき，後継者もいないため，やがて農地を耕すことができなくなりました。こうして**耕作放棄地**が増え，農村の土地が荒廃していきました。これを土地の空洞化と呼びます。

今となっては，全国の田畑面積のうち 10 分の 1 は 1 年以上にわたって農作物がつくられておらず，再開のめども立っていません。一部の農地が荒れ果ててしまっても，たいして影響はないと思われるかもしれません。しかし，たとえば田んぼが使われないまま放置されてしまうと，その下流にある田んぼにうまく水が流れません。また，その荒れた田んぼが害虫の発生源になってしまい，周辺にある農地にも深刻な影響を及ぼしてしまうのです。

こうした影響は農業だけではなく，生態系にも及びます。耕作されていた農地が荒れることで，野生動物の住みかが増え，収穫されずに放置された柿や栗は餌となります。さらに，手入れが行き届いていない森林では多くの木が倒れ，こうした木の下に生息する昆虫やミミズも動物の餌となります。こうして野生動物が増えていき，農作物を食い荒らすことによる獣害の一因になっています。これらの野生動物の中には，もともと国内には生息していなかった外来生物も含まれており，地域の生態系に悪影響を及ぼしています。第 1 節で出てきたアライグマやヌートリアも，このような外来生物なのです。

農村では，共同体や地域コミュニティによる活動が，依然として多く見られます。ときには勤め先の仕事を休んでも，田植え，ため池の管理，草刈りや稲刈り，地域のお祭りや冠婚葬祭などへ出かけなければなりません。昔からこうした助け合いが当たり前とされ，それによって農村社会が成り立ってきたのです。しかし，人口減少と高齢化が進む中でこのようなことが難しくなり，さらに住み続けることさえもできない地域が出はじめてきています。これをむらの空洞化と呼びます。

以上のように，人，土地，むらがそれぞれ空洞化して，困難に直面しているのが農村の現実なのです。そして，この現実に共通する背景として，農業をめぐる厳しい状況があります。

たとえば，図 4.2 からわかるように，日本における農業就業人口は 2005 年から 2015 年までの間に 4 割近くも減っています。また，農業に従事している人たちの平均年齢は 2015 年時点で 66.4 歳です。このうち 65 歳以上の占める割合，つまり高齢化率はなんと 63.5% です。地方に行けば行くほど，事態はさらに深刻です。島根県を例にあげると，2015 年時点において農業就業者の平均年齢が 70.6 歳，高齢化率は 77.6% となっています。しかも，新たに農業を始める人は少ないうえに，そのほとんどは 60 歳以上です。つまり，定年退職後に農業を本格的に始めている人びとが多いのです。

また，人を雇うことをせずに，家族だけで農業を営む全国の農家のうち約 6 割が，100 万円未満の売上しかありません。このような売上から農業にかかった諸経費を差し引くと，赤字になる場合も珍しくないのです。こうした農家のほとんどは，年金収入などで赤字を埋めながら農業を続けています。

農村は本当にいらないのか

農家がつくったお米を政府がすべて買い上げるという政策が行われるなど，かつて国は，農業を手厚く保護していました。こうした政策は，貿易自由化や財政健全化の流れの中で後退していきましたが，今でも，農業は保護されているというイメージが根強く残っています。そのため，今後もそこまでして農業を維持していく必要があるのかどうか，という議論が常に起こります。

日本は農地が狭いため，農薬や化学肥料をまとめてまくといった効率的な生産方法をとるにしても限界があるので，国内でつくった農作物はどうしても外国と比べて割高になってしまいます。そこで，そのような農業を続けるよりも，むしろ関税を引き下げて外国から農作物を輸入して，食料をまかなったほうが安上がりではないか，という意見が絶えず出されてきました。

こうした意見が強まる中，1986 年から関税及び貿易に関する一般協定（GATT）の「ウルグアイ・ラウンド」が開始され，91 年には牛肉とオレンジの輸入が自由化されました。このような貿易の自由化の流れは全体としては強まっており，環太平洋パートナーシップ協定（TPP）などでさらに加速しています。こうして外国から安い農作物が輸入され，国内の農作物価格が下がることで農家はますます苦しくなり，農村は困難に直面しているのです。これと同じことは，林業や漁業でもいえます。

日本における 2000 年以降の農業政策は，関税が引き下げられても外国の安い農作物と競争できるという意味での，「国際競争力ある農業」をめざしてきました。これを受けて，生産性が高く，効率的な農業を育成するために，大規模な農業経営に絞って補助金を配分するという政策の流れが強まってきました。また，大規模な農業経営を増やすために，長い間認められてこなかった株式会社の農業参入を解禁し，参入のための要件も緩和されました。一方で，国内の農家の大多数を占める，小規模な家族経営の農家（小規模農家）への支援は減らされてきました。

こうした流れに対して，小規模農家を大切にしながら，農村を今後も維持していく必要があるとする意見も根強くあります。その理由の 1 つは，食の安全と多様性です。多少は非効率で，またそのことで少し価格は高くなっても，小規模農家がつくる農作物のほうが，消費者との間で「顔の見える関係」を築くことができ，安全・安心であるという声もあります。また，日本には京野菜や桜島大根のように，地域ごとに個性的な農作物があり，食文化も多様ですが，そこで必要とされている少量で多品種の生産は，小規模農家によって支えられてきました。

2つめの理由は，食料安全保障です。世界的に見れば，将来の人口爆発と食料不足が懸念されていますが，その中で2017年の日本の食料自給率は38%（カロリー換算）にとどまっています。つまり，日本人が1年間で口にする食料のうち，6割以上が外国からの輸入に頼っているのです。このような現状では，戦争や世界的な不作など，何らかの理由によって輸入が滞った場合，国内だけでは食料の確保ができなくなるという懸念があるのです。したがって，一部の生産性が高い大規模な農業だけではなく，小規模農家も支援することで，国内での食料生産を維持し，さらに増加させていくことが重要になってきます。国内の水稲作付面積の半分近くが，作付面積2ha以下の農家によって耕作されているなど，小規模農家は食料の供給に大きな役割を果たしているからです。

また，食料安全保障を国内に限ってみても，北海道のように大規模な農業ができる地域だけではなく，全国各地に農家が存在することで，台風や地震による農作物および農地への被害や，天候不良による不作などのリスクが分散され，安定的な食料供給につながるといえます。

最後に，農の多面的機能です。後で詳しく述べますが，農業や農村が農作物をつくること以外にも大切な役割を果たしている点を重視する考え方です。

以上のように，安く生産できる食料は外国に任せつつ，国内では大規模な農業経営によって生産性を高めていく考え方と，小規模農家も含めて農村を維持していく考え方とが，ぶつかり合っています。まさに今，今後の農村をどうするのか，その分かれ目に立っているのです。こうした難しい現状の中でも，持続可能な農村をめざす動きが広がっています。そのいくつかを，次に見ていきましょう。

持続可能な農村へ①：有機農業のまちづくりに取り組む宮崎県綾町

「生態系との共生」を理念として掲げ，有機農業のまちづくりを地域全体で進めているのが宮崎県綾町です。

特産物をはじめとして高く売れる農作物をつくり，それを売ったお金で自分の食料を買っているのが，今の一般的な農家の姿です。これに対して綾町では，町民に種子を無料配布して家庭菜園づくりを勧める，「一坪菜園運動」を展開してきました。町民自らが，かつてあった農村らしい自給自足の生活を意識して，安全・安心で新鮮な野菜づくりに取り組んでいるのです。

それと同時に，畜産ふん尿を堆肥にするための施設や，生ごみを堆肥化するコンポスト施設を整備し，有機農業には欠かせない堆肥づくりも進めてきました。また，つくった有機野菜の価格が低迷した場合には，一定額を綾町が補償するという制度も整えました。こうして安定的に有機農業の生産に取り組むための条件を整えたことで，有機野菜や農作物を使ったお弁当，お惣菜，パン，およびドーナツをつくる加工業者も，町の中でたくさん生まれてきました。

さらに綾町では農業以外にも，照葉樹林の大規模な伐採計画を中止し，木工品や竹細工をはじめとした工芸品づくりを振興してきました。そこで注目されるのは，工芸家や林業家だけではなく，各家庭においても自慢できる工芸品をつくる運動を展開していることです。つまり，農村のライフスタイルや文化を大切にするまちづくりを，町民を巻き込みながら草の根で進めてきたのです。これらの取り組みに魅力を感じて，ものづくりの職人が移住し，工房を構える動きも出てきました。

このように，綾町は農業や農村が持っている社会的価値◎を徹底して追求してきました。有機野菜やそれを加工した食材，ものづくりなど，農業が本来持っている豊かさを新たな社会的価値として打ち出し，農村のライフスタイルの魅力を発信した綾町のまちづくりは，全国から注目を集めています。そして，こうした魅力にひかれて，年間 110 万人もの観光客が綾町を訪れているのです。

持続可能な農村へ②：「地域のための企業」としての吉田ふるさと村

吉田ふるさと村は，地方自治体と民間とが共同出資した第三セクターとして，島根県吉田村（現雲南市）で活動しています。

吉田ふるさと村は，地域が衰退することへの危機感をきっかけに，自治体，農協，商工会，森林組合のほか，多くの村民からの出資を得て 1985 年に設立されました。当初は4800万円だった年間の売上は現在では4億円前後にもなり，また職員数も6名から70名前後へと増えて，この地域の中では最も大きな企業へと成長しました。

地元農家が化学肥料や農薬を使わずに栽培した唐辛子，ごま，もち米といった安全・安心な農作物を原材料に，それらを加工した食品を販売しており，これらが売上の4割以上を占めています。その他にも，地元自治体から委託を受けた温泉宿泊施設の運営や，最近ではたたら製鉄という地域固有の産業遺産をアピールした観光事業にも力を入れています。

さらに2008年からは，吉田ふるさと村自らが農業を始めることにしました。じつは，この農業生産部門だけを見ると，2018年時点では大幅な赤字なのですが，今後もさらに作付面積を増やしていく予定です。地元農家が高齢化していく中で，安全・安心にこだわった原材料を確保するために，また耕作放棄地を解消して地域環境を保全するために，短期的な利益をあげることにはこだわらずに，農業生産を続けているのです。

それでは，短期的な利益と引き換えに，吉田ふるさと村はどのような役割を果たそうとしているのでしょうか。吉田ふるさと村は原材料となる農作物の生産，それらの農作物の加工や製品の製造，観光や宿泊といったサービス業を含めて，事業を展開しています。これらの部門が連携するなかで，地元農家から原材料として農作物を購入したり，農業に取り組むことで耕作放棄地を減らしたりして，地域全体を支える役割を果たしています。また，商品がヒットして生産が追いつかなくなっても，ビン詰め作業やラベル貼りを手作業のままであえて機械化せず，住民の雇用を確保することを優先しています。

吉田ふるさと村は，「むらの時間でときを刻む」という理念を掲げています。安全・安心にこだわって，じっくりと時間をかけて納得のいく農作物や加工品をつくり，むらの時間に合わせて事業を展開しているのです。このように，短期的な利益をあげていくよりも，むしろ安定した雇用を生み出し，また農業を通して住民の生活を支えることで，将来にわたって地域が持続可能であることをめざしている，「地域のための企業」が吉田ふるさと村であるといえます。

持続可能な農村へ③：環境保全型農業といきものブランド米

田んぼの雑草をアイガモに食べさせるアイガモ農法。ハクチョウが落ち穂をついばむという白鳥米。野鳥と共生するコメづくり。これらを聞くと何か特別感があって，他よりも安全でおいしいように感じませんか。これらは**いきものブランド米**と呼ばれており，全国各地に広がっています。

兵庫県豊岡市は，数が激減してしまったコウノトリを繁殖させ，野生への復帰に向けて取り組みを行ってきた地域です。しかしかつては，殺虫剤や除草剤の普及によって，田んぼにはコウノトリの餌となるトンボやカエル，メダカ，ドジョウ，そしてゲンゴロウが生息できない状況になっていました。

そこで農家は，住民と協力して，耕作放棄地を湿地に変えて餌場として整備したり，トンボやカエルが生息できるように，田んぼから水を抜くタイミングを工夫したほか，コウノトリを野生に復帰させるために，殺虫剤や除草剤などの農薬をできるだけ使わない稲作を始めました。こうしてコウノトリに配慮してつくられたお米は，「コウノトリ育むお米」と名づけられました。このお米は手間がかかるうえに，収穫量も通常のお米よりも多少減るので，通常のお米と比べて3～7割ほど高い価格がつけられています。それでも売れているので，農家にとっては十分に採算がとれるようです。

また，新潟県佐渡市では「朱鷺（とき）と暮らす郷（さと）づくり」が2007年から取り組まれてきました。豊岡市のコウノトリの場合と同じように，農薬の使用量を減らす取り組みを行ってきました。これに協力した農家に対して，佐渡市から10アール（1000平方メートル）当たり3000円の補助金が配分されています。さらに，「朱鷺と暮らす郷認証米」として流通させることで，これについても市場では通常のお米よりも高い価格がつけられています。

WORK

① 農業就業人口，農家数，および食料自給率がどのように推移してきたのかについて，『食料・農業・農村白書』に掲載されているデータをもとに調べてみよう。

② あなたが関心のある農村について，『農林業センサス』をもとに農家の就業や経営の実態について調べてみよう。

③　ここで取り上げた事例を参考にしながら，有機農業やいきものブランド米などに取り組んでいる地域について調べてみよう。

3　テーマを考える

持続可能な農村を実現するために

公共事業に依存してきた農村

農業が衰退する中で，その代わりとして農村の経済を支えてきたのが公共事業でした。そもそも，公共事業とは生産や生活の基盤であるインフラ◎を整備することです。農業用水路の整備や田んぼの区画整理など，農村を発展させるための基盤をつくることが公共事業の本来のあり方ですが，次第に違う意味を持ちはじめました。

都市と比べて農村は人口や企業の数が少なく，市場経済の規模が小さくなっています。このため，公共事業などによる政府の活動が，地域経済の中で大きな位置を占めています。こうした公共事業がさらに増えはじめ，それらの事業を担っている建設業で働く人たちも増えていきました。

つまり，農村の地域経済は，公共事業を通じて流れ込むお金に依存しはじめたのです。そのため，大規模な公共事業を呼び込むことで，農村を維持しようとする傾向が強まっていきました。事業の必要性を十分に検討しないままに，公共事業が農村で行われるようになり，その結果として自然破壊が進みました。たとえば，バブル経済の中で進められた，大規模なゴルフ場の建設などのリゾート開発はその典型例であり，そこでも第**2**章の公害のところで述べた外来型開発◎が見られました。

農村の内発的発展をどう実現するのか

こうした外来型開発とは異なるものとして，身近な地域資源◎を活用した地域発展戦略である**内発的発展**があります。この内発的発展は，次の３つの特徴

CHART 図 4.3 地域内経済循環を高めるためには：パン屋さんの例

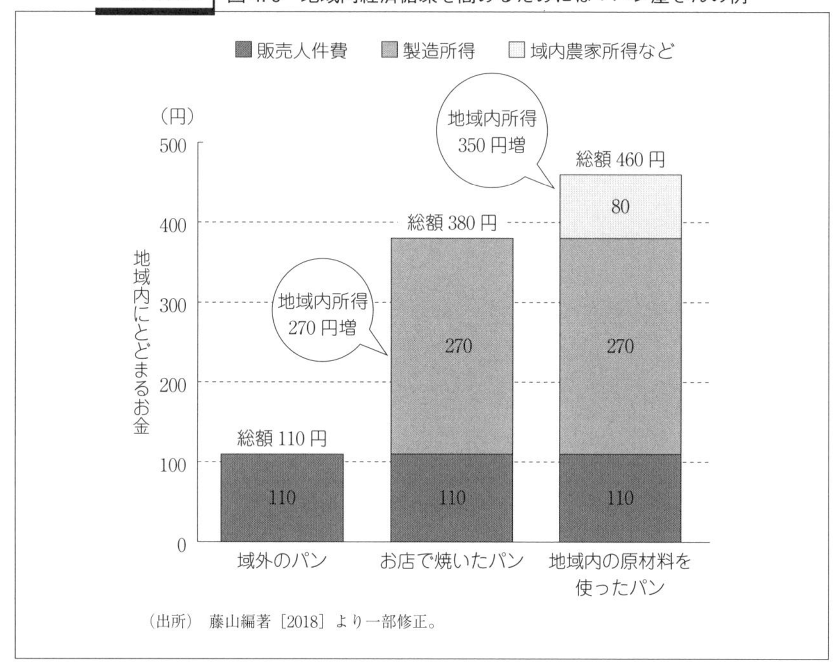

（出所） 藤山編著［2018］より一部修正。

を備えています。

第1に，地域資源の活用を基本とすることです。第2に，環境保全と両立する形で，地元住民の所得，福祉，および文化の向上を目的とすることです。そして第3に，特定の産業に特化せずに多様な産業の振興を図り，また地域内の産業どうしが連関を持つことで，地元に付加価値が落ちることです。第2節で触れた綾町や吉田ふるさと村の事例は，このような内発的発展の典型であるといえます。

では，内発的発展を実現するためには，どうすればよいのでしょうか。最も重要なポイントは，**地域内経済循環**をいかに高めていくかです。これについてパン屋さんを例に，図 4.3 を見ながら考えてみましょう。

パン屋さんで売っているパンが，地域外から仕入れたもので，それを店に置いているだけの場合，地域に落ちるお金は販売する人の人件費（110円）だけとなり，残りはすべて地域外に流出してしまいます。これに対して，お店で焼いたパンを売る場合，販売する人の人件費に加えて，パンをつくった人の所得として270円も地域内にとどまります。さらに，パンの原材料として，地域内で生産された小麦やバターを使うことで，80円が農家や酪農家に渡ることになります。

このように，地域外への資金の流出をできるだけ抑えて，地域内で生産したり，また購入したりする割合を増やすことが重要です。つまり，生産を担う多様な業種や職種が地域内にあって，さらに原材料などの必要なものの多くを地域内で購入できるようになれば，よりたくさんの資金を地域内にとどめることができるのです。こうした地域内経済循環を高めることで，地域経済への波及効果をより大きくすることができます。

これに加えて，地域外から資金を引き込んでくる，外貨獲得も重要です。いきものブランド米については，他の商品と比べてたとえ価格が少し高くても，安全・安心を求める都市の消費者が購入しています。また，吉田ふるさと村の売上の6割は地域外，とくに関東圏や関西圏にある高級スーパーや，品質にこだわりを持っている小売店が占めています。このような傾向は，安全・安心のブランドをもとに，都市への販路を確保している綾町でも同じように見ることができます。

六次産業化で地域内経済循環を高める

こうした地域内経済循環を高めるには，多くの業種が地域内にあるだけでなく，それらが互いに強く連関しあって，活発に取引をしていることが必要です。

吉田ふるさと村は，農作物の加工から始まり，原材料を確保するために農業生産にも乗り出し，さらには旅行ツアーを企画して，自らが経営する宿泊施設に観光客を呼び込んでいます。同じように綾町でも，有機野菜を中心とした農業生産や，これらを基盤とした食品加工，そしてイベントや宿泊での食材の提供などによって，地域内の産業が相互に連関しあって取引を増やし，地域内経済循環を高める工夫をしてきました。

以上の取り組みは，農作物の生産（第1次産業），食品加工・製造（第2次産業），農家レストランや宿泊といったサービス（第3次産業）を組み合わせることで，地域内経済循環を高めようとするものです。このような取り組みは，第1次，第2次および第3次のそれぞれの産業をかけ合わせるところから，**六次**

CHART 図 4.4 農の多面的機能

（出所） 農林水産省ウェブサイトより一部修正。

産業化と呼ばれています。

このように，地域内経済循環を高める形で農村の内発的発展を実現することは，地域経済への波及効果が大きいだけでなく，のちほど見るように，生態系の保全にとっても大きな貢献をしています。

農村が支える国土保全

農村に人が住み続けることで集落が維持され，農業が営まれていることのメリットは，**図 4.4** に見られるように，食料の生産だけにとどまりません。お祭りや神楽（かぐら）などの伝統文化の継承，高齢者の生きがいづくり，障がい者の雇用の確保など，多くのメリットがあるのです。これらは**農の多面的機能**と呼ばれます。ここではそのような多面的機能について，とくに土砂災害を防ぐといった，国土保全とのかかわりから具体的に見ていきましょう。

5 月から 6 月にかけて見ることができる，田植えを終えたばかりの水田が広がる農村の風景。そこでは水面に山，空，そして家が映り込む，とてもすばらしい情景が広がります。同時に気づくのは，水田に水がいっぱいに溜(た)められていることです。このことによって，雨が降ってもその水は，下流のほうに一度に流れ出ません。つまり，水田は洪水防止の機能を持っており，その水田を管理する農村は，国土保全にとって重要な役割を果たしているのです。

水田だけでなく，森林にも同じ機能があります。具体的には，森林を構成する木が根を張ることで，土砂崩れを防いでいます。しかし，放っておいてはこうした機能は発揮されなくなります。したがって，農業と林業（農林業）を通して，水田や森林を適切な形で，なおかつ持続的に管理しなければいけません。

日本の国土面積のうち農用地が13%，森林が66%，合わせると約8割にも上ります。この広大な面積の管理を担っている農村は，国土保全に対して大きな貢献をしているのです。また，近年における土砂災害や洪水の増加は，豪雨や豪雪をもたらしやすくしている地球温暖化だけでなく，国土保全に貢献してきた農村の衰退にともなう多面的機能の低下も影響しているのです。こうした国土保全に関する機能としては，**図4.4**の中では①洪水を防ぐ，②土砂崩れを防ぐ，③土の流出を防ぐ，④川の流れを安定させる，⑤地下水をつくる，などがあてはまります。

農村が支える生物多様性

また，豊岡市や佐渡市の事例で見たように，稲作にはコウノトリやトキに餌場を提供する役割もあります。このように農業は，さまざまな動植物が生息できる環境を提供することで生態系を守り，**生物多様性**を保全する役割を果たしています。

さらに，誰の手も加わっていない原生的な自然だけでなく，人間の手によって管理された二次的自然もまた，生物多様性の保全に大きな貢献をしているのです。具体的に考えてみましょう。

日本は世界的に見ても，両生類やトンボの種類がとても多いのですが，これを支えてきたのが，集落の近くにある水田やため池でした。水田やため池は湿地を好むカエルやトンボの住みかになり，これが野鳥などの動物の餌となって豊かな生態系をつくりだしてきたのです。**図4.4**の中では，⑥生きもののすみかになる機能にあたります。これは，殺虫剤などの農薬の利用を減らす有機

Column❺ 農と福祉がつながる時代へ

現在の社会における社会保障の位置づけは，日本をはじめとした多くの先進国で大きくなっています。それにともなって，福祉の対象も広がってきています。その背景には，次のようなことがあります。よりよく生きていくうえで，人びとが抱える問題が多様になっていること。病いの中心が，急性的なものから慢性的なものへと変化していること。そして，これらの問題や病いの原因が個人だけでなく，社会の中での関係性に由来するものも増えていること。

じつは，このような福祉をめぐる変化に応じて，農も新たな役割を担ってきています。その例の１つは，**図 4.4** で示されている農の多面的機能のうち，「⑩癒し・安らぎをもたらす」機能です。この機能は，森林の中に身をゆだねたり，また田畑を耕して土に触れたりすることで，癒しや安らぎを得ることができることに注目しています。すでに，森林セラピーや福祉農園（第 **10** 章の扉写真）を例として全国各地で取り組まれており，知っている人や実際に経験したことがある人もいるのではないでしょうか。

それらの取り組みは，これまでの生産を中心とした農では見られなかった，人間と農との新たな関係性を，時間をかけながらつくっていることに特徴があります。そのような「農と福祉がつながる時代」に，私たちは今立っているのです。

農業のように，人間と自然との結びつきが良好であることによって，はじめて発揮される機能です。

農の多面的機能をどう守るのか

こうした農の多面的機能は，日本では 1990 年代後半から注目されてきましたが，とくに近年では生態系サービスという言葉で世界的なトレンドにもなっています。農林業を通した人間と自然との結びつきが良好であれば，人間は生態系からさまざまな恩恵を受けることができます。食料の生産も含めて，こうした生態系からの恩恵すべてを生態系サービスといいます。

しかし，こうした農林業が支えてきた生態系サービスがもたらす社会的価値

◎を評価することは難しく，農村が衰退することでこれが失われても，省みられることはありませんでした。そこで，こうした価値を評価し，これらの恩恵を受ける人びとに対して，農林業を支えるための費用を適正な対価として負担させる，**生態系サービス支払い**という考え方が世界的に注目を集めています。

この考え方は，日本においても国の政策や法律に反映されつつあります。たとえば，2011 年から「環境保全型農業直接支払交付金制度」が導入されました。さらに，2014 年に「農業の有する多面的機能の発揮の促進に関する法律」が制定されたことで，現在ではこの法律に基づく制度として定着しています。2017 年度の予算では，水路やため池の補修を行うことを条件とした多面的機能支払いに 482 億円が，化学肥料や農薬を使用しない農家を対象とした環境保全型農業直接支払いに 24 億円が，それぞれ計上されました。また，自治体による政策である森林環境税（第 1 章 Column ❷）は，都市の住民が農村にある森林を保全するための費用を負担する，という考え方を広めるにあたって，大きな役割を果たしました。

しかし，これらは国や自治体における農林業に関連した予算のうち，ほんの一部にすぎません。今後のさらなる拡充が求められます。

農村の発展を担うのは誰なのか

全体的に厳しい状況にある農村ですが，ここまでのところで紹介してきたように，持続可能な農村へ向けた取り組みは全国各地で展開されています。その担い手について，ここでは考えていきましょう。

担い手として最も期待されるのは自治体であり，なかでも住民に最も近い自治体である市町村です。農村は都市と比べて市場経済の規模が小さいため，地方財政を用いる市町村の役割が相対的に大きくなります。また，吉田ふるさと村のような自治体が出資している第三セクターも，大切な担い手であるといえます。

しかし，綾町のまちづくりで見たように，市町村が取り組むだけでは不十分です。住民もまちづくりの理念を理解し，積極的に参加することが大切です。これに関連して，綾町のまちづくりの背景には，第 2 節で紹介した一坪菜園運動に加えて，公民館を拠点とした学習の積み重ねがあったことも注目されます。具体的には，綾町では有機農業を進めるために設けている組織（有機農業実践振興会）の支部のほとんどが，公民館（綾町の場合は自治公民館）ごとに設けられています。そして，一坪菜園運動を土台にしながら，さらにこれらの公民館での学習や議論を通して，住民の間で有機農業に対する理解が深められてきたのです。

また，農村のまちづくりでしばしば大きな役割を果たすのが，**よそ者**です。農村では先祖代々住み続けている人が多いために，都市と比べて人と人とのつながりが強い一方で，地域外の人たちにとっては近寄りがたいところもあります。したがって，農村では地域外の人びとのことを，よそ者と呼ぶことがあります。

しかし，過疎化が進む中で，農村に住んでいる人口，つまり定住人口は少なくなっており，このことから農村のまちづくりでは，よそ者も重要な存在になってきています。たとえば，これまでの農村のまちづくりでは，都市の住民に観光客として農村を訪れてもらい，農業体験，地元の食材を使った料理，そして古民家などでの宿泊を通して，地元住民と交流することが中心でした。このように，一時的に地域外から観光客としてやってくる人たちのことを交流人口といいますが，それを増やすことが農村のまちづくりにおいて大きな目的となってきたのです。

こうした交流人口からさらに進んで，一度訪れて気に入った農村へ都市から移住・定住し，定住先の地域の人びとと一緒にまちづくりに取り組む若者たちが，とくに東日本大震災以降に増えています。こうした現象は，**農村回帰**と呼ばれます。国もこうした動きを後押しするために，地域おこし協力隊という制度を2009年につくりました。この制度を利用して，2017年では約5000名が全国各地の農村に滞在しています。

さらに，定住人口や交流人口のどちらでもない，**関係人口**が最近になって注目されはじめています。関係人口とは，その地域に住んでいなくても，まちづくりに継続的にかかわる人びとのことです。たとえば，今は都市に住んでいるけれども，実家や祖父母の家が農村にある人や，一度訪れた農村が気に入ってたびたび訪れてくる人も，この関係人口に含まれます。ポイントは，図4.5に見られるように，定住人口や交流人口と比べて，いろいろな人が多様な形で

CHART 図 4.5 関係人口による地域との多様なかかわり

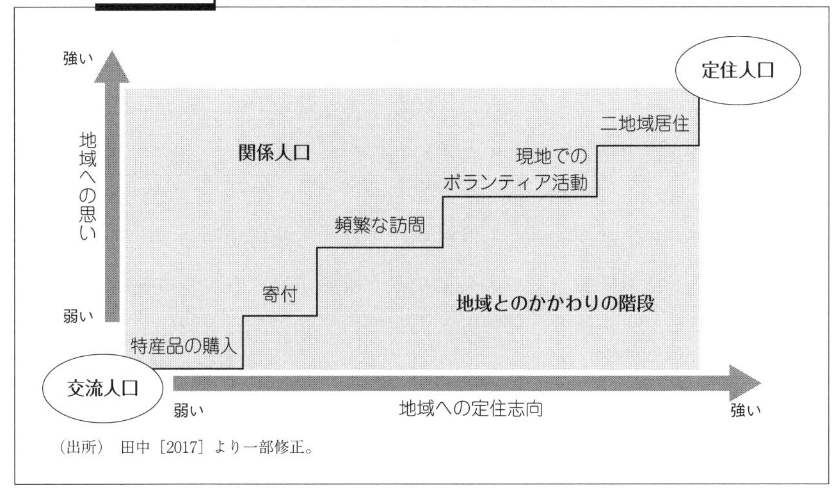

（出所） 田中［2017］より一部修正。

農村にかかわっていることです。このことは，第**5**章のコモンズの再生で紹介する，「開かれた地域主義」や「かかわり主義」にも通じるものです。そして，こうした関係人口の存在が，農村の人びとが自分たちの地域やまちづくりを見直す，新たなきっかけになっていることが注目されます。

都市と農村の共生へ向けて

最後に，都市と農村との関係について，改めて考えてみましょう。都市で生活をしていると，農村を意識することはあまりないかもしれません。しかし，東日本大震災によって，普段はあまり意識することのなかった「都市が農村に依存している」ことを，実感した人もいたのではないでしょうか。エネルギー，水，食料など，都市は自らの生活を維持していくうえで必要なものの多くを，農村に依存してきたのです。

一方の農村は，もともと人口や企業の数が少なく，税収も多くはないので，国や都道府県からの補助金などの配分に頼っているのが現状です。また，農家は都市の住民に農作物を購入してもらうことで収入を得ています。このように考えると，都市は農村に対して自然や資源の側面で，他方で農村は都市に対して経済や財政の側面で，それぞれ依存していることがわかります。つまり，都市と農村は互いを頼りにしており，強い相互依存の関係にあるのです。

したがって，農村が持続可能であるかどうかは，都市も含めた問題として受け止めなければなりません。農村における地方財政の多くは地方交付税交付金によって成り立っていますが，豊かな税収がある都市から，税収の乏しい農村へのこうした「仕送り」は，都市と農村との相互依存の関係の表れであるといえます。

都市と農村の共生は，こうした財政だけでなく，市場を通しても実現できます。たとえば，都市においてもよく見かける産直市は，もともと産地直結という意味なのですが，生産者と消費者との間での「顔の見える関係」を大切するものの1つです。

また，都市の住民が農村でのイベントを企画したり，ボランティアとして農村のまちづくりにかかわったりすることを例とした，関係人口による新たな動きも注目されます。この動きは，以上のような財政や市場を通した関係とも違った，都市と農村の共生を形づくるものとしてとらえることができます。

THINK

① 農の多面的機能によって，都市の住民は，具体的にどのような恩恵を受けているのか，また，その恩恵に対して支払いをするにはどのような仕組みが必要なのか，それぞれ考えてみよう。

② 農村の地域内経済循環を高めるためには何ができるのか，具体的に普段購入している商品を見直してみて，今後どの商品をどのように購入したらよいのか考えてみよう。

③ あなたが関心のある農村を選び，自分が関係人口としてまちづくりにかかわる場合に，どのようなことができるのか考えてみよう。

さらに学びたい人のために　Bookguide

内山節［2005］『「里」という思想』新潮社
→農村や山村での生活の豊かさ，そこから生まれる人びとの考え方や価値観の奥深さ，そして魅力を知ることができる1冊です。

保母武彦［2013］『日本の農山村をどう再生するか』岩波書店（岩波現代文庫）

→全国各地の豊富な事例をもとに，農村の内発的発展を実現するための具体的な方策を示した1冊。農村のまちづくりにかかわるための，多くのヒントを与えてくれます。

永田恵十郎［1988］『地域資源の国民的利用』農山漁村文化協会

→地域資源を活用する農業こそが，多面的機能をよりよく発揮する。このことをいち早く指摘した本。農村の維持が国民全体の利益につながることを，実際の農村の姿をもとに，説得的に示しています。

CHAPTER

第5章

みんなの資源を守れるのか

あなたの身近なコモンズ

熊本県阿蘇市の草原。これらの草原の多くも，「みんなの資源」として守られてきました。

KEY WORDS

- □ みんなの資源
- □ 入　会
- □ 財産区
- □ コモンズ
- □ タイト・コモンズ
- □ ルース・コモンズ
- □ コモンズの悲劇
- □ フリー・ライダー
- □ オープン・アクセス
- □ オストロムの条件
- □ 地域資源

1 テーマと出合う

勝手にとってはいけません！

ふう～。久しぶりの山道は，都会育ちの私にはしんどいなあ。

山道はデコボコも多いし，歩きにくいから，いつもより歩くのに気をつかうよね。でも，ぽっぽー先生は，あまりお疲れじゃないみたいですね。

私は，まだまだ大丈夫だよ！ *（私は飛ぶこともできるからね……）*

ところで，向こうに立て看板があるようだけど，何か書いてあるのかな？　雑草のせいで，なかなか見えないんだけど。

どれどれ……。「タケノコを勝手にとってはいけません」って書いてあるけど，その下の「○○財産区」って，何かな？

この森林を守っている組織だね。森林は個人が持っているものもあれ

ば，このように財産区のような組織をつくって守っているものもあるんだよ。

そうすると，このあたりに生えているタケノコは，財産区に入っている人たちじゃないと，勝手にとってはいけないんですね。

そういうことだよ。このように資源をみんなで守っている組織は，山だけでなく海にもあるんだよ。

でも，農山村や漁村の人口も減ってきているので，今までのように守っていくことは，難しくなるんでしょうね。

そうすると，これからは誰が守っていくのかな？

ぽっぽー先生が，資源をみんなで守るって言っていたけど，そのような「みんな」の範囲を，これまでよりも広げて考えることも大事なんじゃないかな。

では，のどが乾いたから，この水筒もみんなのものということで，いただくね！

それは私のものだから，ダメ！

POINT

- ■ 資源の中には，個人が持っているものだけでなく，組織をつくって守っているものもあります。
- ■ そのような組織の中には，これまでのように資源を守ることが難しくなっているところもあります。
- ■ 今までの「みんな」よりも範囲を広げた，新しい「みんな」で資源を守ることも大事になってきています。

2 テーマを理解する

みんなの資源のとらえ方

わたしの資源とみんなの資源

第**1**章で環境が備える3つの機能を述べましたが，その中に資源供給機能がありました。ところで，それらの資源は誰のものなのでしょうか。

経済学が注目してきた市場では，さまざまなものが取引されていますが，これらのものの多くは，自然の中にあったり，また自然から取り出したりした資源をもとにつくられてきました。たとえば，おいしい農作物をたくさん育んでくれる土地である農地は，そのような資源の1つです。

ところで，これらの農地は誰のものなのでしょうか。農家が農作物をつくるために土地を購入しているのであれば，これらの資源は農家が所有していることになります。ここでは，このような農家などの特定の人や組織が所有している資源を，「わたしの資源」と呼ぶことにします。

しかし，農林漁業にかかわる資源は，わたしの資源だけではありません。たとえば，農作物をつくるための水は，どの農家にとっても必要なものです。ですから，必要な水を安定的に供給するためのインフラ◎を，いくつかの農家が集まって一緒に所有したり，または管理したりしたほうが都合がいいのです。このように，複数の人や組織が所有していたり，または管理したりしている**みんなの資源**もあることが，農林漁業にかかわる資源の特徴なのです。

勝手にとってはいけない，みんなの資源もある

海に生息している魚介藻類は，原則として自由にとることができます。しかし，テレビの番組中で，無人島などにおいて芸能人が魚をとるシーンでは，「地元の漁業協同組合から許可を得ています」という説明文を，よく目にすると思います。この場合，なぜ勝手にとることができないのでしょうか。

それは，みんながそのような勝手なことをしてしまうと，魚介藻類がなくな

ってしまう恐れがあるからです。ところで，資源には一度とってしまうとなくなる枯渇性資源と，工夫をすれば何度でもとることができる再生可能資源があります。これらのうち，魚介藻類は再生可能資源ですが，当然のことながらとりすぎるとなくなってしまいます。このことを防ぐために，一定の期間に限って漁業権が設けられている場合もあるのです。

漁業権の中で漁業協同組合（漁協）に対して与えられているものは，魚介藻類をみんなの資源として扱っている性質が強いです。とくに，漁協の中でも地区別漁協については，出資者が20人以上であることに加えて，当該地区の漁民の7割以上を占めることを，設立のための要件としています。このうち後者の要件は，地区の多くの漁民によって魚介藻類が扱われている（または扱うことが求められている）ことを表しています。そのため，これらの漁協の魚介藻類はみんなの資源なので，芸能人も勝手にとることができないのです。

ところ変われば，かかわり方も違う：白神山地の事例

みんなの資源は，「みんな」の範囲が異なれば，同じ資源であっても資源に対するかかわり方が異なります。つまり，みんなの資源へのかかわり方には，地域ごとに違いがあるのです。ここでは，そのような事例として白神山地（しらかみさんち）を取り上げます。

白神山地は屋久島などとともに，1993年に日本で最初に登録された世界遺産の1つです。白神山地が世界遺産として認められた理由は，人による影響をほとんど受けていない原生的なブナ林が，世界最大級の規模で分布しているからです。**図5.1**には白神山地において世界遺産の対象となっている地域を示していますが，それは青森県と秋田県にまたがっています。

このうち，とくに優れた植生があり，人による影響をほとんど受けていないところは核心地域，またその周辺にあり，核心地域の自然を守るための緩衝帯としての役割を果たしているところは緩衝地域と，それぞれ呼んでいます。世界遺産の対象になっている面積は1万6971ヘクタールですが，このうち核心地域が1万139ヘクタール（うち青森県側が7673ヘクタール，秋田県側が2466ヘクタール）を，緩衝地域が6832ヘクタール（うち青森県側が4954ヘクタール，秋田県側が1878ヘクタール）をそれぞれ占めています。

CHART 図 5.1　白神山地における世界遺産の対象地域

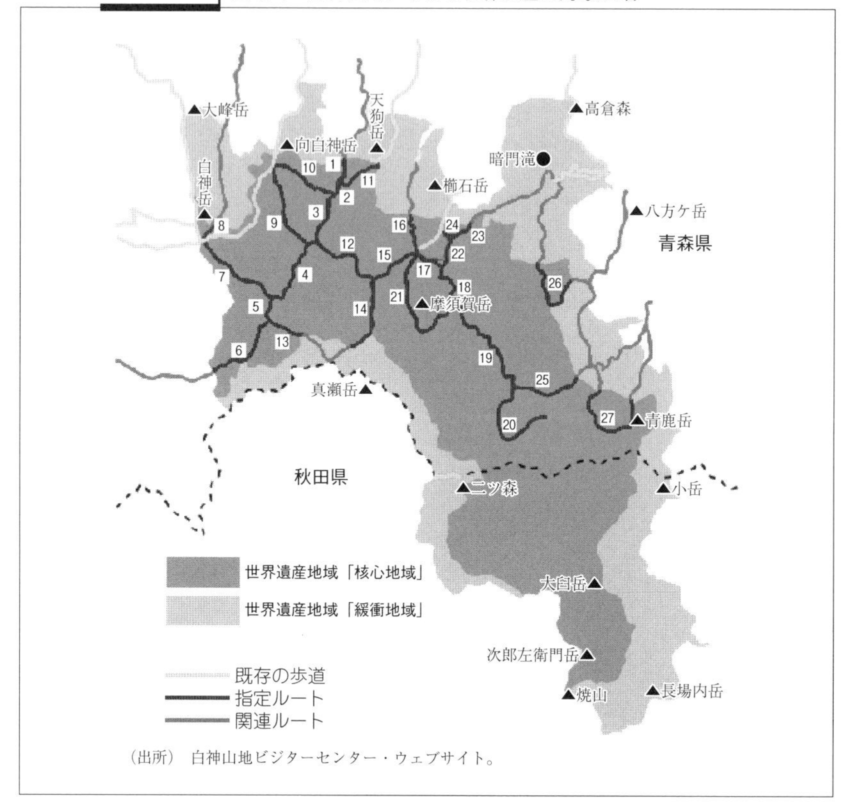

（出所）白神山地ビジターセンター・ウェブサイト。

じつは，青森県側と秋田県側では，核心地域への入山に関する対応が違っています。具体的には，秋田県側では学術研究などの特別な理由がある場合を除いて，核心地域への入山を禁止しています。これに対して，青森県側は登山については**図 5.1** で示している既存の歩道と，届出制に基づいた 27 の指定ルートに限って入山を認めています。

このように両県の間で対応が違っているのは，なぜでしょうか。核心地域に占める秋田県側の割合が少ないことが，入山に対してより厳しい姿勢をとっていることにつながったようにも思えます。しかし，問いはさらにその先にあります。それは，みんなの資源へのかかわり方をめぐって，青森県側と秋田県側との間で違いがあることです。

いずれの側においても，かつての白神山地では入会林野（いりあいりんや）が数多く存在していました。**入会**とは，自然を構成する森林，山，川，および土地などを共同で利用したり，また管理したりするための仕組みや組織のことです。これにかかわる権利を，入会権といいます。そして，入会権が設定されている資源のうち，森林や草原を対象としたものが入会林野です。

かつての白神山地では，これらの入会林野から薪や炭をつくったり，また山菜やキノコをとったりしていました。そこでは，みんなの資源がしっかりと存在していたのです。ところが，とくに秋田県側では，鉱山開発などによって入会林野が減少していく中で，みんなの資源へのかかわりも少なくなっていったのです。

その一方で，開発などの影響を秋田県側よりは大きく受けなかった青森県側では，白神山地における貴重な自然だけでなく，その中での入会林野の仕組みもまだ残っていました。そのため，入山規制を一律にかけてしまうと，秋田県側よりも入会林野を利用している人たちに大きな影響が及ぶことは明らかでした。このように，白神山地におけるみんなの資源へのかかわり方が，青森県側と秋田県側との間で異なっていたことが，核心地域への入山に関する対応の違いとして現れたのです。

政府がなくしてきた，みんなの資源

このような入会林野は，時の政府による政策によって大きな影響を受けてきた，みんなの資源でもあります。ここでは，入会林野がこれまでたどってきた道のりを，図 5.2 に沿って説明していきます。

江戸時代の入会林野については，基本的にそれぞれの地域ごとの習わしに従って利用や管理が行われていました。その中で，江戸幕府の役割は，境界をめぐる争いなどに対して調整役を果たしたり，そのための仕組みをつくったりする程度のものでした。これが明治時代に入ると大きく変化します。

その大きな契機となったのが，地租改正でした。江戸時代，年貢の多くは米などのもので納められていました。このようにもので納めることを物納といいます。明治政府は，これをお金で納める金納へと改めることにしたのですが，そのために行われたのが 1872 年からの地租改正です。この地租改正では，次の２つのことが必要でした。その１つは，田畑や林野などの価値をお金で評価

CHART 図 5.2 入会林野がたどってきた道のり

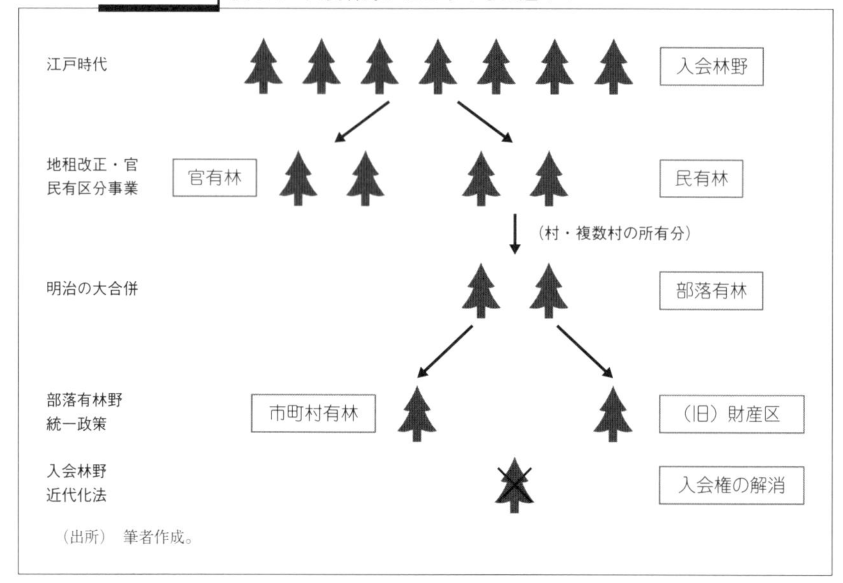

（出所） 筆者作成。

することでした。もう1つは，これらの田畑や林野などを所有する権利が誰にあるのか，すなわち所有権を確定させることでした。

そして，この所有権を確定させるために行われた，1874年からの官民有区分事業によって，入会林野は国が所有する官有林と，個人が所有するか，あるいは複数人もしくは村・複数村で共有する民有林とに分けられました。けれども，このことで多くの入会林野が官有林のほうへ強制的に組み入れられた地域においては，農山村民らが激しく抵抗しました。

しかし，政府による入会林野の解体は続きます。今度は町村合併が深く関係します。市町村という行政組織の仕組みは，1889年に施行された市制・町村制がその源です。そして，この仕組みを国全体に張りめぐらせるために，その前の年から全国で数多くの町村合併が行われました。これは，「明治の大合併」と呼ばれています。

入会林野を管理してきたこれまでの村は，この合併によってなくなってしまい，新たに部落と呼ばれるようになったことから，入会林野も部落有林と名づけられました。そのうえで，明治政府はこれらの部落有林を合併した市町村の財産にするべく，市町村有林へと統一させるための部落有林野統一政策に

1910年から着手しました。しかし，これに対しても農山村民の抵抗が強かったことから，明治政府は**財産区**という仕組みを設けて，これまでのような入会林野としての利用を認めることにしました。このような財産区の仕組みは，1953年から行われた「昭和の大合併」でも活用されました。このことから，明治時代にできた財産区は旧財産区として，現在では区別されています。

以上のような流れは，みんなの資源であった入会林野を国や市町村といった「政府の資源」へと変える，公有化の動きであったといえます。これに加えて，入会林野をわたしの資源へと変える，つまり私有化の動きもありました。

地租改正後には，先に述べた官民有区分事業によって官有林としたものを華士族や財閥などに払い下げたり，また民有林としたものでも個人が所有するものへと変更されたりしました。このうち後者に関連して，「三代にわたる入会権紛争」として有名な岩手県の小繋事件があります。

さらに，第二次世界大戦後において私有化の動きを進めたのが，1966年の入会林野近代化法でした。この法律は，林業の生産性を高めるために所有や経営の近代化を進めることが必要であるとして，入会権を解消することをねらいとしていました。その結果，入会権を解消した林野では，個人や法人（生産森林組合など）による経営が増えていきました。しかし，現在の日本の林業が置かれている状況を考えると，このような近代化が功を奏したとはいえません。

みんなの資源を広げる試み

少なくなっているみんなの資源を，これからどのように守っていけばよいのでしょうか。そこでのポイントは，「みんな」の範囲を広げていくことです。以下では，漁民たちが植林や植樹に積極的にかかわり，森と海をつなげてきた取り組みを紹介します。

《「森は海の恋人」運動》 そのような取り組みは，1980年代後半に北海道と宮城県で始められ，90年代になると全国各地へ広がっていきました。まず紹介するのは，宮城県唐桑町（現気仙沼市）と岩手県室根村（現一関市）との間での取り組みです。この取り組みには，「森は海の恋人」というおしゃれなキャッチフレーズがつけられ，大きな注目を集めました。

発端は，後に唐桑町側のリーダーとなる，牡蠣（かき）の養殖業者によるある発見でした。この養殖業者は，東京などでも販売に力を入れるなどしていて，地元の中ではどちらかといえば珍しい存在でした。その養殖業者はある時，地元にあった牡蠣に関する研究所に出入りしていた研究者を通して，フランスにおける牡蠣の産地を視察する機会を得ました。その視察の中で，質のよい牡蠣を生み出している川の上流部には，広葉樹の森林が豊富に広がっていることを発見し，川を通して森と海はつながっていることを改めて認識したのでした。

この発見が，養殖を営んでいた気仙沼湾へと流れ込んでいる大川（おおかわ）の中流部に計画されていた，ダムの建設反対運動と結びつき，アクションをもたらします。具体的には，「森は海の恋人」というキャッチフレーズと，「大漁旗を掲げて山に木を植える」という斬新な取り組みが，やがて大川の上流部に位置する，室根村の職員にも共感をもたらしたのです。そして，職員による支援を得て当時の村長に協力を依頼した結果，室根山の村有地が無償で提供されることになり，これらの土地で 1989 年に植林が始まりました。

1993 年からは，植林活動は室根村と一緒に行うことになり，さらに規模が大きくなりました。この過程で注目されるのは，室根村の住民たちが森林に対する自分たちの認識を変化させていったことです。具体的には，植林によって地元の山を豊かにしていくことを，自分たちの問題であるととらえるようになり，植林活動だけでなく，これによって育まれる森林や水を活かしたまちづくりへと展開していったのです。

他方で，唐桑町ではどのような変化があったのでしょうか。こちらでは室根村のような地域全体での変化は起こらず，リーダーをはじめとした養殖業者の一部のみのかかわりにとどまりました。その理由としては，世界各地でマグロをとる遠洋漁業を中心としてきたこの町では，養殖業者の位置づけがそれほど大きくはなかったことや，気仙沼湾では 1970 年代を境にして赤潮などの環境汚染が起こっておらず，他の漁業者に活動の意味が十分に理解されなかったことがあります。さらに，これらの活動が漁協という組織として展開できなかったことも，活動の幅を広げることができなかった理由としてあったのではないでしょうか。

《漁民の森運動》 漁協がかかわった森と海をつなげる取り組みとしては，北海道別海(べつかい)町の野付(のつけ)漁協の事例があります。

別海町のおもな産業は，農業と漁業です。なかでも農業では，乳牛の飼育が盛んに行われてきたことから，別海町の地域開発の歴史は酪農開発のそれでもありました。しかし，じつはその中で，牧草地を拡大させるために湖畔林の伐採が進み，その他の要因も加わって河川環境を悪化させてしまっていたのです。これに対して漁民たちは危機感を抱き，1989 年から漁民の森運動と呼ばれる動きが起こります。

最初は，河川に隣接する森林を漁協が取得したり，北海道漁連の婦人部連絡協議会の記念事業であった「お魚殖(ふ)やす植樹運動」に漁協の婦人部も参加する中で，町長に依頼して町有林で植樹をしたりするところから始まりました。この動きが 1994 年に新たな転機を迎えます。それまで町有林で植樹を行っていた婦人部の活動が，漁協の森林管理と結びつくようになったのです。

具体的には，漁協が所有していた森林の一角に「婦人部の森」が設けられ，そこで婦人部が植樹活動を行うようになりました。また，先ほどの「お魚殖やす植樹運動」は，同じ年から別海町植樹祭と同じ時期に開催されるようになりました。この結果，町や漁協だけでなく，農協，環境保護団体，小中学校を巻き込んだイベントになったのです。

さらに，このような野付漁協やその婦人部による植樹活動は，別海町の中だけにとどまらない，新たなつながりを生み出します。首都圏の地域生協などの連合会組織であるパルシステムが，産地直送と環境にこだわった独自の商品開発に取り組む中で，これらの活動に注目したのです。パルシステムの職員研修の一環として植樹活動に参加することから始まった交流は，地域生協の組合員による募金をもとに植樹基金を設けたり，漁民たちによる流域環境の保全から生み出された水産物であることをアピールした商品開発を行ったり，さらには植樹ツアーで首都圏の消費者と交流を行ったりして，広がっていきました。このように，「みんな」の範囲を広げていくための交流が，北海道と首都圏との間で進んできたのです。

WORK

① ここで紹介した事例も参考にしながら，あなたの身近なところには，どのようなみんなの資源があるのか調べてみよう。
② ①で取り上げたみんなの資源が維持されているのか，もしくは減少しているのかについて，地域におけるこれまでの経済活動や社会の仕組みなどとの関係から調べてみよう。
③ みんなの資源を広げる取り組みについて，あなたが関心のあるものを調べてみよう。

3 テーマを考える

悲劇を乗り越えるために

私的財と公共財

経済学では，資源やそれらを用いて生産や消費されるものについて，2つの性質をもとに区分しています。その1つは排除性です。これは，誰かが持っている資源やものを，他の人は持つことができないという性質です。たとえば，チイキさんがケーキ屋さんでいちごのショートケーキを買ったら，そのショートケーキをチイキさん以外の人が買うことはできません。これが排除性です。

もう1つは競合性です。これは，多くの人が同じ資源やものを持とうとした場合，結果としてそれぞれの人が持つことのできる資源やものは少なくなるという性質です。先ほどの例を踏まえると，チイキさんがケーキを買った後に，途中でたまたま会ったゲンバくんもそのケーキを食べたいと言った場合，チイキさんがそれを許せば，自分が買ったケーキの一部をゲンバくんに食べさせるでしょう。しかしその結果，チイキさんが食べることができる，残りのショートケーキは減ってしまうことになります。これが競合性です。

このように排除性と競合性がともに高い資源やものを，経済学では私的財といいます。図5.3で，私的財は右上に位置しています。私的財については，誰の資源やものなのかを明らかにできることから所有権を設けることができ，市

CHART 図5.3 私的財・公共財・コモンズ

（出所） 井上［2001］より筆者作成。

場を通して取引が行われています。このような私的財は，第**2**節で述べた「わたしの資源」にあたります。

私的財の正反対の場所に位置し，排除性と競合性がともに低い資源やものが，公共財です。公共財は，誰の資源やものなのかを明らかにすることができないので，所有権を設けることが難しいものです。このことで，公共財は市場ではうまく取引できないために，市場の失敗◎を引き起こしてしまいます。そこで政府の出番です。公共財の多くは政府が提供しています。ですから，これまで公共財の多くは政府の資源でした。

2つのコモンズ

私的財がわたしの資源であり，また公共財が政府の資源であるならば，みんなの資源は何でしょうか。それは，英語では**コモンズ**（Commons）と呼ばれます。ところで，第**1**章では環境は公共財であると説明しました。しかし，じつは公共財ではないものもあります。その1つが，このコモンズです。

図 5.3 を再び見ると，コモンズには２つの種類があることがわかります。その１つは，**タイト・コモンズ**と呼ばれるものです。これは，ごく限られたメンバーが共同で利用しているコモンズです。第 ② 節で取り上げたみんなの資源の中では，かつての入会林野がこれに該当します。

入会林野のようなコモンズは，限られたメンバーによって，固い結束のもとで守られてきました。そのため，タイトという言葉がつけられているのです。このようなタイト・コモンズは，当然のことながら排除性が高くなります。しかし，限られたメンバーしか資源を利用できないことから，メンバーの間での資源の取り合いは少ないので，競合性を低く抑えることができるのです。これらの性質を反映して，タイト・コモンズは図 5.3 では右下に位置しています。

もう１つは，**ルース・コモンズ**です。これはタイト・コモンズと比べてメンバーが限られておらず緩やかであることから，ルースという言葉がつけられています。第 ② 節で取り上げたみんなの資源を広げる動きは，このようなルース・コモンズに関する事例です。これらのコモンズでは，タイト・コモンズよりもメンバーが限られていないので排除性は低いのですが，それによって競合性はタイト・コモンズよりも高くなります。これらの性質を反映して，ルース・コモンズは図 5.3 では左上に位置しています。

コモンズの悲劇

日本だけではなく，外国においても，みんなの資源であるコモンズが少なくなってきました。その理由について，ここでは生物学者のハーディンによって示された**コモンズの悲劇**を，図 5.4 に沿って紹介していきます。

まず，みんなの資源として牧草地があるとします。そして，その牧草地には牛を放牧している人（牛飼い）がいます。最初は，すべての牛飼いが同じ数の牛を放牧していました（シーン①）。けれども，それぞれの牛飼いにとっては，より多くの牛を放牧して育てることができれば，自らの利益を増やすことが期待できます。このような期待から，牛飼い D がより多くの牛を放牧します（シーン②）。それによって，どのようなことが起こるのでしょうか。放牧される牛の数が増えることによって，牧草地が減っていくことになるのです（シーン③）。このことが続いてしまうと，やがて牧草地がなくなってしまいます（シー

CHART 図 5.4 コモンズの悲劇への道

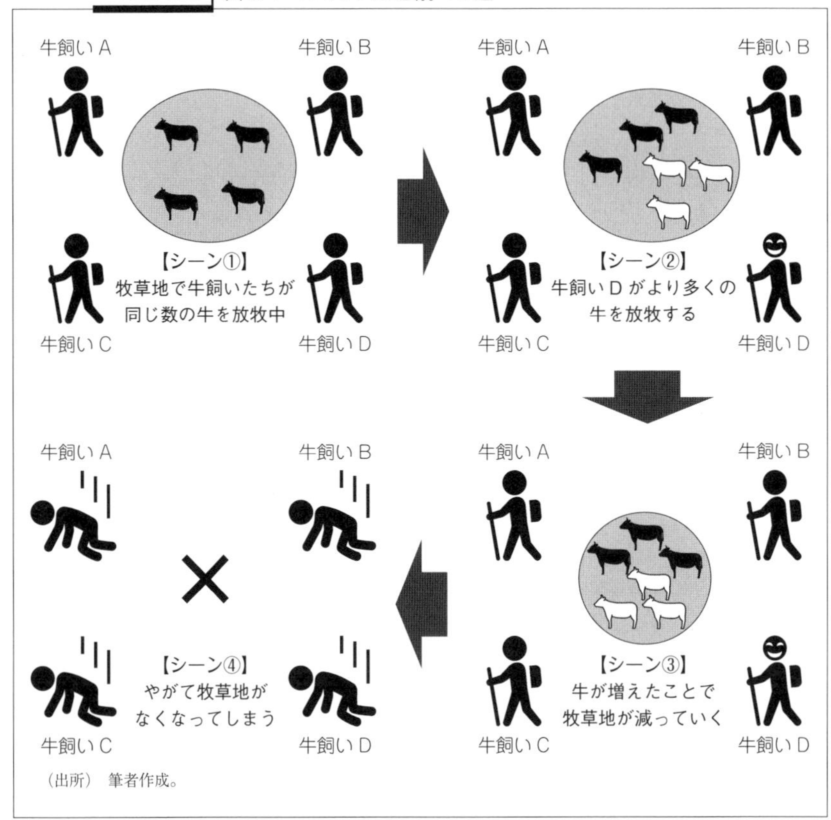

（出所） 筆者作成。

ン④)。

つまり，みんなの資源である牧草地があることで，牛飼いたちはみんな等しい利益を得ていたのですが，牛飼い D が自らの利益を増やそうとして，1 人抜け駆けして放牧する牛の数を増やした結果，牧草地がなくなってしまったのです。それでは，どの牛飼いも放牧できなくなるので，誰も利益を得ることができなくなります。それは，悲劇以外の何ものでもありません。

なぜコモンズの悲劇は起こるのか

なぜコモンズの悲劇は起こるのでしょうか。コモンズとしての資源は，メンバー（牛飼い）であれば，利用することができます。その中で，あるメンバー

Column ❻ アンチ・コモンズの悲劇

コモンズの悲劇は，有限な資源を共有する中で，あるメンバーが自らの利益を増やすために，1人抜け駆けしてその資源を多く利用してしまう，いわゆる「過剰」利用が引き起こす問題でした。

これに対して，日本で今注目されている空き家や耕作放棄地は，今まで利用していた家や農地などが利用されなくなるという，「過少」利用が引き起こしている問題です。そこでは，アンチ・コモンズの悲劇という考え方が注目されています。

資源の所有権が分割され，細分化されすぎると，数多くの所有者が少しずつ資源を所有している状況になります。これをアンチ・コモンズといいます。アンチ・コモンズについては所有者の数が多いことから，資源の望ましい利用などをめぐってすべての所有者が合意することは難しくなります。その結果，望ましい利用が一向になされず，資源が過少利用のままになってしまいます。これがアンチ・コモンズの悲劇です。

空き家や耕作放棄地は，人口減少や農林水産業の衰退という，社会経済構造の変化がもたらした問題であるとの指摘もあります。確かに，このような変化によって，家や農地が備える資産としての価値が下がってきたことが，過少利用につながっているところもあります。しかし，相続の仕組みや，入会の対象であった資源の個人への払い下げなどが，資源をアンチ・コモンズにしてきたところもあるのではないでしょうか。そして，これらが重なりあうことで，アンチ・コモンズの悲劇が目立ってきているのです。

が自らの利益を増やすために資源を利用しすぎる（放牧する牛を増やす）と，それにともなう悪影響（牧草地がなくなる）はこのような自分勝手な行動をしたメンバーだけでなく，他のメンバーにも等しく及んでしまいます。

つまり，みんなの資源をより多く利用することによる利益はそのメンバーだけが得る一方で，利用しすぎることによる悪影響は他のメンバーも含めて等しく及びます。その結果，自らの利益をより増やそうとする，自分勝手な行動を促してしまうのです。このような行動をとる人を，**フリー・ライダー**と呼びます。そして，以上のようなコモンズの性質が，コモンズの悲劇を起こしているとされてきました。

しかし，コモンズの悲劇という考え方に対しては批判もあります。先の例を踏まえると，コモンズの悲劇が起こるのは，そもそも牧草地がコモンズではないのではないか，というものです。なぜなら，コモンズであれば，程度の差こそあれメンバーが限られているので，あるメンバーが放牧する牛を増やしたことによって牧草地が減ると，他のメンバーはこのことで自らの利益が少なくなることを認識できるはずだからです。そうであれば，牛を増やし続けるメンバーに対して，他のメンバーがそのような行動を抑えるために注意をしたり，または罰を与えたりすることができるのではないでしょうか。

しかし，そのようなことを他のメンバーが行わずに，コモンズがなくなってしまうという悲劇が起こるのは，限られたメンバーだけでなく，誰もが資源を利用できるからではないでしょうか。このような資源はみんなの資源ではなく，むしろ「誰のものでもない資源」です。そして，そのような資源の性質は，**オープン・アクセス**と呼ばれます。後にハーディン自身も認めたように，コモンズの悲劇はじつはオープン・アクセスの悲劇だったのです。

なぜコモンズは残ったのか：オストロムの条件

それでは，そのような悲劇を起こさないようにするには，どうすればよいでしょうか。この疑問に対する答えの１つとして，**オストロムの条件**と呼ばれるものがあります。

女性ではじめてノーベル経済学賞を受賞したオストロムは，世界各地におけるコモンズに関する調査結果を丁寧に分析して，コモンズが残った（もしくは残らなかった）ことに共通する要因を整理しました。それが，オストロムの条件です。この条件のポイントは，悲劇が起こる原因であったフリー・ライダーを生み出さないように，コモンズにかかわるメンバーが協力するためには何が必要なのかということです。条件の中身はいくつかあるのですが，それらは次の３つにまとめることができます。

１つめの条件は，メンバーが互いに信頼しあってコモンズにかかわることができることです。このためには，コモンズの境界がはっきりして，誰がメンバーなのかが明らかであったり，それらのメンバーが所属する地域の特徴に合わせてコモンズにかかわるルールが設定されていたり，さらにはメンバーが意思決定に参加できたりすることが求められます。

2つめの条件は，コモンズを守るために必要な費用を安くできることです。コモンズを守るためには，仕組みやルールをつくるための費用がかかります。また，仕組みやルールを守っているかどうかを監視するための費用もかかります。これらの費用をできるだけ安くすることは，コモンズを守り続けるために重要なことです。

3つめの条件は，コモンズに対するメンバーの管理能力が高いことです。この管理能力には，さまざまなものが含まれます。たとえば，ルールを守れなかった者に対する罰の与え方を，軽いものから重いものへと段階的にしていくことや，メンバーの間で起こった争いごとを円滑に解決できることがあげられます。また，コモンズの仕組みやルールに関する自治，つまり自分たちで決めることや，決めたことを実行することが，政府などによって妨げられないことも大事です。

以上のようなオストロムの条件には，コモンズの中でもとくにメンバーが限られている，タイト・コモンズの性質が反映されているところも少なくありません。それでも，これまでに残ってきたコモンズの特徴を，コモンズの利用や管理などをめぐる，地域における仕組みや組織から見出したことは，とても画期的でした。

地域資源としてのコモンズのとらえ方

改めて，コモンズとは何でしょうか。コモンズを資源としてとらえる場合，魚介藻類にせよ，森林にせよ，牧草地にせよ，それらは形のあるものです。また，これらのコモンズは，地域ごとに種類が異なり，また同じ種類であっても規模や状況が違います。ですから，コモンズは地域ごとに固有性◎や多様性◎を備えた，**地域資源**としてとらえることができます。

しかし，これまで述べてきたコモンズの事例や，あるいはコモンズの考え方を踏まえると，コモンズに見られる共同性は資源だけでなく，これらの資源に関する仕組みや，それらの仕組みを育んできた地域における資源と人びと，あるいは人びとの間での関係性にまで及んでいることに気づきます。そして，これらの仕組みや関係性は形のないものです。つまり，地域資源としてのコモンズについては，形のある資源と形のない仕組みや関係性とを，「丸ごと」とらえることが必要なのです。

このうち，資源に関する仕組みについては，コモンズにはさまざまな権利が折り重なっていることが重要です。現在のコモンズの多くは，所有権については政府や個人にある一方で，利用権，用益権，管理権，およびアクセス権といった他の権利について共同性を備えています。そして，これらの権利を保障したり，また権利を侵す者への対応を行ったりするために，共同性を活かした仕組みがコモンズごとに柔軟につくられてきました。

さらに，オストロムの条件をもう一度振り返ると，そこであげられていたものは，コモンズを抱えている地域における資源と人びと，あるいは人びとの間での関係性を良好な形で維持できるのであれば，いずれも満たすことができるといえます。しかし，じつはそのような関係性が，今，地域における共同体を維持できなくなるという共同体の失敗◎によって，持続可能なものではなくなっています。それも，フリー・ライダーの発生という個人的な要因よりも，日本が今まさに直面しているような人口減少や農林水産業の衰退という，社会経済構造の変化によって。

コモンズの再生へ向けて

それでは，共同体の失敗を乗り越えて，コモンズを再生させていくためには，どのような考え方が必要なのでしょうか。ここでは，コモンズを支える共同体に着目した，2つの考え方を紹介します。

その1つは，新たな共同体という考え方です。ここでは，井上真による「開かれた地域主義」と「かかわり主義」を紹介します。このうち，開かれた地域主義とは，さまざまな人びとがコモンズにかかわり，さらにその中身も多様になっていることに注目したうえで，地域のメンバーが中心になりながらも，地域外の人びとと議論して，合意を得たうえで協働しながらコモンズを守っていくというものです。他方で，かかわり主義とは，このような地域内外の多様な主体が存在することを前提としたうえで，かかわりの深さに応じて発言権を認めていくというものです。

これらは，地域資源としてのコモンズを，地域の中で閉じている共同体だけでなく，他の地域とのかかわりを活かしたり，また多様な主体の間における連携や協働というガバナンス◎を含めたりしながら，新たな共同体の中で持続可能なものにしていくことをねらいとしています。

もう1つは，これまでの共同体とかかわってきた，政府と市場が果たす役割に注目する考え方です。たとえば，コモンズの少なくない部分が政府の所有する公有地ですが，その中でも地域と深く関係する政府である，地方自治体の役割が重要であることは，「森は海の恋人」運動における室根村のかかわり方からわかります。他方で，市場の役割については，漁民の森運動のところで紹介したパルシステムのかかわり方で見たように，地域環境を守り，そしてそれらを育むために消費者の立場から市場をつくってきた生協がよい例です。

以上の2つの考え方は，対立するものではありません。つまり，コモンズの再生のためには，共同体，政府，そして市場の3つの仕組みや，これらにかかわる関係性をどのようにつくる（あるいはつくり直す）のかが，今問われているのです。

THINK

① あなたの身近にある資源について，その減少はコモンズの悲劇にあてはまるのか，もしくはそうではないのかについて考えてみよう。

② オストロムの条件のなかで，ルース・コモンズやオープン・アクセスとなったコモンズでは，満たすことが難しいものについて考えてみよう。

③ コモンズを守るための共同体，政府，および市場の役割について，あなたの身近なコモンズを例にあげながら考えてみよう。

さらに学びたい人のために　Bookguide

宮内泰介［2017］『歩く，見る，聞く 人びとの自然再生』岩波書店（岩波新書）
→コモンズを含めた，地域における自然再生の現場からの1冊。最終章で取り上げられている実践は，地域という「現場の宝庫」への入り方を学ぶうえでも参考になります。

秋道智彌［1995］『なわばりの文化史――海・山・川の資源と民俗社会』小学館
→コモンズの考え方を批判的に吟味しながら，境界で区分された「なわばり」を通して，日本の入会の歴史にも触れている本。

網野善彦［1999］『古文書返却の旅』中央公論新社（中公新書）
→民俗学の手法も用いながら，独自の日本史を提示した著者による，あとしまつとしての古文書返却の足跡（そくせき）。その足跡の中で，かつて地方にあったコモンズが変化した様子を垣間見ることができます。

CHAPTER

第6章

エネルギー自治を求めて

地域でつくる再生可能エネルギー

島根原発（島根県松江市，左）と北条砂丘風力発電所（鳥取県北栄町）。エネルギーのあり方は，地域を大きく左右します。

KEY WORDS

- □ 電源三法交付金
- □ バイオマス
- □ 枯渇性エネルギー
- □ 再生可能エネルギー
- □ エネルギー自治
- □ 社会的費用
- □ ライフ・サイクル・アセスメント
- □ 小規模分散型エネルギーシステム
- □ 固定価格買取制度
- □ 電力自由化

1 テーマと出合う

エネルギー資源に恵まれた農村

あ～，気持ちいい～。薪で沸かした五右衛門風呂なんて感動だな～。

今日のご飯は薪を使って，かまどで炊くんだって。

これだけ森に囲まれているところだから，薪をたくさんとって使えるんだね。そう考えると，農村には燃料が豊富にあるよね。

ゲンバくん，いいところに気づいたね！　しかも薪は，石炭や石油のように燃やしたらなくなるのではなく，木を植えたら何度でも繰り返し利用できる，なかなか優れた燃料なんだよ。

農業体験でお世話になったおばあさんから聞いたけど，昔は炭焼きをして，それを燃料として都会で売って，貴重な現金収入にしていたそうですね。

今は都市の近くにも大規模な火力発電所があるけど，昔は農村で木炭をつくったり，水力発電所を建てたりしていたからね。そういう意味では，農村は都市にエネルギーを送る場所でもあったんだよ。

農村での調査の中で，太陽光パネルや風車をあちこちで見かけましたよ。今も農村ではエネルギーをつくっているんじゃないですか？

ゲンバくん，またまたいいところに気づいた！　2011 年に福島で起こった原発事故の後から，エネルギーをつくる場所としての農村に，再び注目が集まっているんだよ。

いろいろ話していたら，いつの間にか薪が足りなくなってきたみたい。

ゲンバくん，お風呂から上がったら薪割りしてね！

ええっ！　せっかく汗を流したところなのに～。

あれ？　ゲンバくん，今日はもうエネルギー切れなのかな？

POINT

- エネルギーは，人間の生活には欠かせないものです。
- かつて農村はエネルギーをつくって，都市に送っていました。
- 福島原発事故の後から，エネルギーを生み出す場所として，農村が再び注目されています。

テーマを理解する

地域を左右するエネルギーのあり方

エネルギーとは何か

この章ではエネルギーについて学びます。石炭や石油は，あくまでもエネルギーを生み出す資源（エネルギー資源）であって，エネルギーそのものではありません。エネルギーはいろいろな形に姿を変えることから，たくさんの種類があります。

たとえば，電気ストーブを例に考えてみましょう。私たちが電気ストーブで暖かいと感じるのは，熱エネルギーのおかげです。さらに元をたどると，コンセントの先には電気エネルギーがあります。この電気エネルギーは，発電所でタービンを動かす運動エネルギーから生み出されています。さらにこの運動エネルギーは，石炭や石油を燃やして水蒸気を発生させる熱エネルギーを基にしているのです。こうしたエネルギーの種類のほかにも，照明のための光エネルギーや，オーディオ機器などから出る音エネルギーがあります。このように，エネルギーは次々に姿を変えてはいますが，私たちの生活に欠かすことのできない，大切なものであることには変わりありません。

日本で使われているエネルギーの約9割が，石炭や石油，天然ガスといった化石燃料を基に生み出されています。国内では，こうした化石燃料をほとんど掘り出してはいませんので，2016年の日本のエネルギー自給率は8.3%にとどまっています。また，化石燃料を輸入するために，2013年には約27兆円というお金が外国に流出しています。

エネルギー資源の移り変わりと地域への影響

エネルギーのありようは，時代とともに変化します。さらにその変化が，地域に大きな影響を及ぼしてきました。

第二次世界大戦後の，1950年時点における日本のエネルギー事情を見てみ

CHART　図6.1　かつての農山村における資源とエネルギーの利用

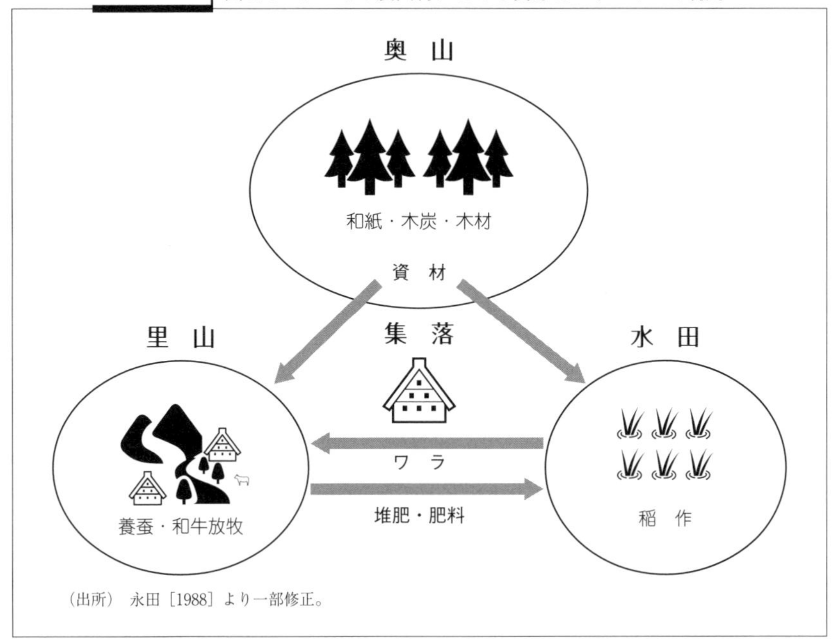

（出所）　永田［1988］より一部修正。

ましょう。国内で使われたエネルギー全体のうち，最も多く使われたエネルギー資源は石炭で，51％を占めていました。次いで水力が33％，薪炭が9.1％，そして石油が6.3％でした。図6.1は，その頃の農山村での資源とエネルギーの利用状況を表したものです。

そこでは集落を中心として里山，水田，奥山などが広がっていました。里山や奥山は，桃太郎の昔話でおじいさんが柴を刈りに行った場所です。ここで薪などのエネルギー資源を手に入れ，また刈り取った草や里山で放牧している牛のふん尿は，水田で堆肥（たいひ）として利用しました。奥山の炭焼き小屋でつくった木炭は都市で売ることによって，現金収入を得ていました。

その後，エネルギー資源の中でも石油の利用が急速に伸び，1961年には石炭を追い抜きました。こうした石油の普及によって木炭生産もほとんど消えてしまい，農山村の人びとの現金収入が絶たれてしまいました。さらに，石油などからつくられた化学肥料が普及したことで，堆肥を供給してきた和牛の放牧は見向きもされなくなり，里山は放置されていきました。そしてこのように放置されると，里山の生態系のバランスが崩れていきました。たとえば，水辺に生える葦（あし）は屋根や建物をつくるための資材や，堆肥の原料として利用されなくなりました。そのため水辺の富栄養化が起こり，生きものの住みかとしての条件も悪くなってしまったのです。

こうして石油の普及によって，それまでの伝統的な資源とエネルギーの利用の姿が大きく変わり，人間と自然との結びつきが弱まりました。そして第**4**章で見たように，農山村が持つ生態系や生物多様性◎を保全する機能が低下してきたのです。

また，石油の普及は石炭産業の衰退を招き，産炭地域にも大きな影響を及ぼしました。1955年には国内のエネルギー資源のうち45％を占めていた国産の石炭は，73年には3.8％にまで落ち込みます。ちなみに同じ時期に石油は，20.2％から77.6％にまで急激に増えました。こうした石炭産業の衰退によって，産炭地域であった福岡県筑豊地域や福島県常磐地域では，短期間で多くの炭鉱労働者が家族とともに地域を去っていきました。1960年から65年にかけて，筑豊地域の人口は23％も減り，中には半減してしまった市町村もありました。

石炭にとって代わった石油の増加も，地域に大きな影響を与えてきました。沿岸地域や大都市では石油化学コンビナートの建設と合わせて，大規模な火力発電所が建設されていきます。これらの発電所が稼働すると大気汚染が深刻化し，四日市ぜんそくをはじめ，全国各地で公害を引き起こしました。

すでに述べたように，1973年には石油が大きな割合を占めていましたが，この年にオイルショックが起こります。中東情勢の悪化から，石油の価格が一気に4倍にはね上がり，電力会社は火力発電所に代えて，過疎化が進む地域に原子力発電所（原発）を建設していくようになります。しかし，こうした原発の建設を進めていくという方向性は，福島原発事故の発生によって見直しを迫られています。

以上のように，薪炭から石炭，石油，そして原子力（ウラン）へというエネルギー資源の移り変わりは，地域にも大きな影響を及ぼしてきたのです。

エネルギーと地域①：青森県六ヶ所村から問う核と原子力

原発の立地が進められていく中で，地域では何が起きていたのでしょうか。

CHART 図 6.2 下北半島と六ヶ所村に立地するおもな核燃料サイクル施設

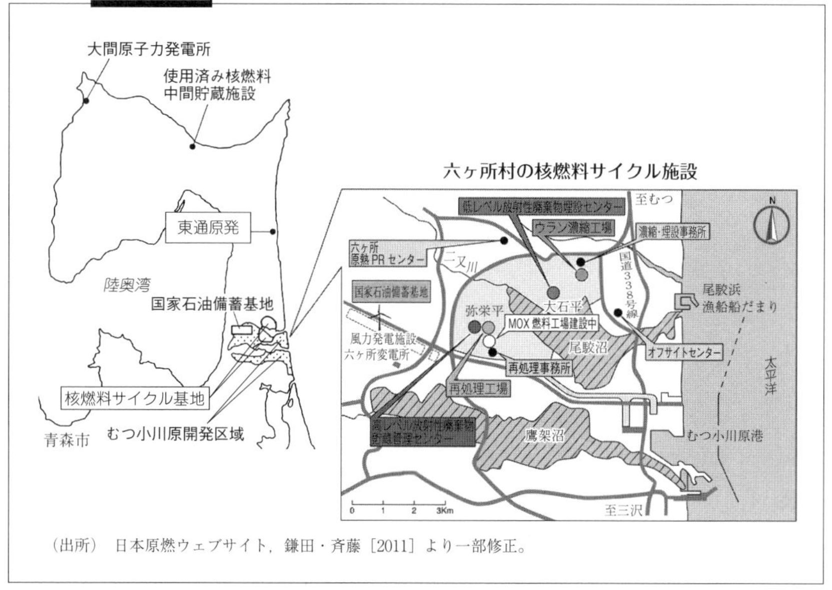

（出所） 日本原燃ウェブサイト，鎌田・斉藤［2011］より一部修正。

ここでは，青森県六ヶ所（ろっかしょ）村を例に見ていきましょう。

六ヶ所村は，まさかりの形をした本州最北端に位置する，下北半島のつけ根部分にあります。**図 6.2** に見られるように，この下北半島には原発や核関連施設が多く立地していますが，とくに集中して立地しているのが六ヶ所村です。かつて，筆者（関）がここを訪れて印象的だったのは，工場が立地する予定であった広大な土地がそのまま放置されて，草が伸び放題になっていたこと，しばらく車で走ると，ウラン濃縮工場や高レベル放射性廃棄物貯蔵管理センターといった，核燃料サイクル施設がそびえ立っていたことです。核燃料サイクルとは，原発から出る使用済み核燃料を全国から集めて処理したうえで，燃料として再び利用することです。しかし，これについては技術がまだ確立しておらず，2018 年時点では，うまくサイクルを回していくめどは立っていません。なぜこのような核燃料サイクル施設が，立地することになったのでしょうか。

かつての六ヶ所村は，冷害が多く起こるなどの厳しい気象条件でありながらも，ジャガイモやゴボウの生産のほか，畜産も盛んな農村でした。この村を大きく変えるきっかけになったのは，1960 年代の終わりに持ち上がった，石油化学コンビナートの誘致による，大規模な地域開発計画でした。むつ小川原開発と呼ばれたこの構想は，日本で最も大規模な工業地帯を新たにこの地に建設するというものでした。この地域開発にともなう土地の値上がりを見込んで，多くの開発業者が六ヶ所村に入り込み，農民から土地を買い取ろうとしました。その結果，農民の多くは土地を手放すことになりました。

土地を手放した農民たちは，進出してきた企業に勤める予定でしたし，それを条件に農地を売った人も多かったのです。しかし，オイルショックを契機に日本が低成長時代へと移ったことから，石油化学コンビナートがつくられることはありませんでした。その後，むつ小川原開発は石油備蓄基地の誘致へと形を変えていきます。それでも，住民たちが最初に見込んだほどには，地域経済が潤うことはありませんでした。

むつ小川原開発は，住民の生活を大きく変えました。第1に，生活の見通しが立たなくなりました。畜産や農業を営んでいたときには自給自足ができたり，また，少ない金額でも毎年安定して収入が得られたため，そこで生活し続けることができました。しかし，土地を売った人たちは，一時的に大きな収入を得たものの，勤める予定だった企業が来ないため，将来の生活に不安を抱えることになりました。しばらくすると，年間を通して都市へ出稼ぎに行かなければならない人が増えはじめたのです。

第2に，地域の中の人間関係が壊れてしまいました。むつ小川原開発に対して賛成か反対かをめぐって，住民の間や，ときには家族や親戚の間でも意見が分かれ，長年にわたって対立が続いてしまったからです。

こうした中で，この地域が選択したのは，石油備蓄基地や核燃料サイクル施設を立地させ，エネルギーにかかわる巨大産業や企業を誘致することでした。現在，六ヶ所村には建設中のものも含めて，**表6.1**のように核燃料サイクル施設が集中的に立地しています。この核燃料サイクル施設が立地しはじめた1990年代以降は地域における雇用や人口が増加し，村の税収も増えていきました。さらに，こうした施設が立地したことで，**電源三法交付金**という特別なお金が，国から村の財政に配分されるようになり，この金額は2017年度までの20年間ほどで，約600億円にもなっています。この交付金の仕組みは，第3節で見ていきます。

CHART 表 6.1 青森県六ヶ所村に立地・建設中の核燃料サイクル施設

施設名	工　期	建設費
ウラン燃料再処理工場	工事開始：1993 年 竣工（予定）：2021 年度	約 2 兆 1,930 億円
高レベル放射性廃棄物貯蔵管理センター	工事開始：1992 年 操業開始：1995 年	約 1,250 億円
MOX 燃料工場	工事開始：2010 年 竣工（予定）：2022 年度	約 3,900 億円
ウラン濃縮工場	工事開始：1988 年 操業開始：1992 年	約 2,500 億円
低レベル放射性廃棄物埋設センター	工事開始：1990 年 操業開始：1992 年	約 1,600 億円

（出所） 日本原燃ウェブサイトより筆者作成。

その結果，六ヶ所村は核燃料サイクルに関連した巨大産業に地域経済をゆだねる，**企業城下町**◎へと変化していきました。その中で，はじめは安全性に不安を感じていた人びとの多くは，そのような気持ちを抱えながらも，賛成へと変わっていきました。

石油化学コンビナートから石油備蓄基地へ，さらには核燃料サイクル施設へという変化からわかるように，六ヶ所村はこれまでのエネルギー政策から大きく影響を受けてきました。そして，そこでの産業はすべて地域外から持ち込まれたものであり，村にもともとあった畜産や農業とは相いれないものでした。**外来型開発**◎によって企業城下町になっていくという，公害を経験した地域と同じような構図が，ここでも読み取れるのです。

エネルギーと地域②：北海道下川町によるエネルギー自給への挑戦

福島原発事故を受けて，原子力からの転換をどう実現するのかが課題となっています。その中で，新たなエネルギー資源として注目されているものの1つが，**バイオマス**です。

バイオマスとは，生物資源（bio）の量（mass）という意味で，おもに植物から得られるエネルギー資源のことを指します。たとえば，森林資源から薪を取り出して燃やす場合，木質バイオマスエネルギーを利用していることになります。この木質バイオマスの特徴は，石炭や石油のように一度利用したらなくなるのではなく，植林などによって何度でも繰り返し利用できるという点です。また，植物に由来する資源なので農林業と密接な関係を持っており，農山村の経済に対して大きな波及効果を生み出すことが期待できます。

北海道下川町は面積の 88% が森林で占められており，昔から林業が盛んな地域です。2001 年から「経済・社会・環境の調和による持続可能な地域づくり」について研究を進めており，2007 年に制定された自治基本条例では，「持続可能な地域社会の実現を目指す」ことを，町全体の目標として掲げています。

下川町が地域産業の基盤として位置づけるのは，たんなる林業ではなく，森林資源を余すところなく活用することをめざした「森林総合産業」です。1 本の木を製材・加工する際に，そこから出たおがくずはキノコの菌床として利用する。端材は木質バイオマスや炭にして利用する。その際に発生する煙も，木材の防腐・防虫のために利用する。じつに徹底した利用です。そして，このように既存の木材関連産業が連携しながら，さらに木々の葉っぱからアロマオイルを製造するといった，森林資源を活用した新産業が起業されるなどして，下川町の地域経済は活発化し，多くの雇用を生み出しています。

下川町が同時に取り組んでいるのが，エネルギーを自分たちの地域内で自給する取り組みです。木質バイオマスエネルギーを利用したボイラーを 11 基も整備し，そこから町内にある 30 の公共施設に熱供給を行っています。その供給量は，これらの施設の熱利用のうち 65% を占めています。これまで，重油や灯油を使ってボイラーを動かしていたのですが，以上の取り組みによって 1900 万円の光熱費が削減でき，その金額の半分を町の子育て支援政策にあてています。

ここで使われている木材チップなどの燃料は，地域内の森林資源を活用して町内でつくられています。それ以前は，町全体で年間 7.5 億円分の石油を中東などから買い入れていました。町の試算によると，木質バイオマスエネルギーの導入によって，このうちの約 2.1 億円分が地域外に出ていかずに，地域内に還流するようになりました。さらに環境保全の面からも，二酸化炭素（CO_2）排出量を 18% 削減できました。これらの成果を踏まえて，町内の電力も含めたエネルギーを，将来的には 100% 自給することをめざしています。

下川町の木質バイオマス事業は，なぜうまくいったのでしょうか。それは，多様な主体による連携・協働を進めていくために，行政としての町が積極的な役割を果たしてきたからです。まず，町が国有林を大量に購入して町有林として管理することで，「森林総合産業」の基盤を整えました。そのうえで，森林組合，林業者，製材工場などの関連産業の連携を促したり，アロマオイルの製造といった新たな産業の創出を支援するなど，町は森林総合産業を通した地域振興に向けて積極的にかかわってきたのです。

また，石油や重油の販売業者との利害調整◎も，下川町が力を入れて取り組んだことです。これらの販売業者は，木質バイオマスエネルギーの普及によって，これまでの仕事を失うことを懸念していました。これに対して，町は自らが主導して下川エネルギー供給協同組合を立ち上げ，そこに販売業者を参加させるという対応をとりました。これによって，それまでの売上を落とすことなく，今では木材チップといった木質バイオマスの製造へと，事業の中身を少しずつ変化させています。

このように，下川町は「森林総合産業」による地域経済の活性化を図りながら，木質バイオマスを使ったエネルギーの自給に取り組んでいるのです。

WORK

① 日本のエネルギー資源の内訳や利用，およびエネルギー政策は，福島原発事故の前後でどのように変化したのか，調べてみよう。
② 火力発電や原発などの大規模発電所が立地している地域について，立地するまでの経緯や，立地した後の地域経済や地方財政の変化を調べてみよう。
③ 木質バイオマスや風力発電などに取り組んでいる地域を選んで，その取り組みの現状と課題を調べてみよう。

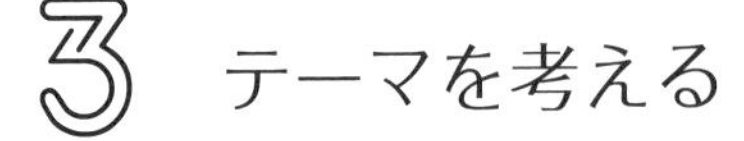

▮▮▮▶ エネルギー自治で地域再生を

枯渇性エネルギーと再生可能エネルギー

ここでは，エネルギーを枯渇性エネルギーと再生可能エネルギーに分けて見ていきましょう。

この2つの違いは，第**5**章で述べたような資源の違いから生じています。このうち**枯渇性エネルギー**とは，石炭や石油，原子力（ウラン）などのように，一度とってしまうとなくなる枯渇性資源を基にしたエネルギーです。これに対して**再生可能エネルギー**は，風力，太陽光，水力，バイオマスといった再生可能資源を基にしているため，ほぼ無限に繰り返し利用することができるエネルギーです。**表6.2**から，それぞれの特徴を見ていきましょう。

枯渇性エネルギーは，炭坑や油田を例として，特定の場所に大規模に集中して存在しているため，産油国である中東の国々における政治情勢に左右されたり，商品投機の対象になったりして，価格が不安定になります。また，こうしたエネルギーを手に入れたり，開発したりするためには莫大な資金が必要になるので，それができる国や，電力会社といった大企業が開発の主体になります。そのため，大規模集中型のエネルギーといえます。さらに，こうしたエネルギーの利用によって，地球温暖化や大気汚染などの環境問題も引き起こされてきました。

これに対して，再生可能エネルギーは風が強かったり，日照時間が長かったりと地域によって違いがありながらも，どこにでも少しずつ存在しているため，小規模分散型のエネルギーといえます。環境への悪影響も総じて少なく，また資源を入手するときにかかるコストについては，風や太陽光では無料か，もしくは安定的に安いです。したがって，こうした再生可能エネルギーの開発は，小回りのきく地元企業やNPO，さらに地方自治体が主体となって，地域から進められているところに特徴があります。

CHART 表 6.2 枯渇性エネルギーと再生可能エネルギーの特徴

	再生可能エネルギー	枯渇性エネルギー
エネルギー資源	水力，風力，太陽光，バイオマスなどの再生可能資源	石炭，石油，原子力（ウラン）などの枯渇性資源
資源の分布	少量に分散して存在	大量に集中して存在
入手のコスト	無料，もしくは安定的に安い	不安定で高い
環境への悪影響	小さい	大きい
生産のありよう	小規模分散型	大規模集中型
開発の主体	地元企業，NPO，自治体など	国，電力会社などの大企業

（出所）八木［2015］より一部修正。

エネルギー自治とは何か

ここまでで学んだように，エネルギーのあり方は地域の行方を大きく左右するものです。だからこそ，地域の住民がエネルギーについて自ら選択する，「自治」が必要になります。ここでの自治とは，住民自身が自分たちの地域のことを議論し，あるべき将来像をビジョン◎として決めて，そこへ向けてまちづくりを実践していくことです。エネルギーについても，このような自治の考え方が重要になっています。

ところで，福島原発事故以降，原子力からの転換が課題となる中で，再生可能エネルギーに注目が集まっています。この再生可能エネルギーを生み出す資源が，どの地域にどれくらい存在しているのかは，地域ごとに全く異なります。日当たりがいい地域や，風の強い地域もあれば，地熱が豊富にある地域など，じつに多様なのです。

このように再生可能エネルギーは，地域ごとに特徴のあるエネルギー資源を基にして生み出されます。これらの地域資源◎から生み出される再生可能エネルギーを活用し，地域を持続可能な形で発展させていくことが求められているのです。これに取り組む主体としてふさわしいのは，これらの地域資源が身近な存在としてあり，またその地域の将来にも深くかかわる自治体や住民なのではないでしょうか。

こうした自治体や住民が主体となって，自分たちが消費するエネルギーを自給するため，地域資源を活用したエネルギー事業を自らつくりだし，さらにそれらの事業で得られた収益を活用して，地域の課題を解決する。こうした一連のプロセスを指して，**エネルギー自治**といいます。

次に，こうしたエネルギー自治の視点から，従来の枯渇性エネルギーについて考えてみましょう。

国や電力会社はどうして原発を推進するのか

枯渇性エネルギーを生み出す枯渇性資源は，油田などの特定の場所に大規模に集中して存在しています。したがって，国や，電力会社といった大企業が主体となって，枯渇性エネルギーの開発を進めていくことが効率的です。こうしてつくられた大規模集中型エネルギーシステムのもとでは，エネルギーは国策であるとされ，国と電力会社の大きな影響力によって地域は翻弄されてきました。つまり，そこにはエネルギー自治は存在しなかったのです。原発を例に，詳しく見ていきましょう。

電力会社はより安い費用で発電するために，規模の経済を発揮できる大規模な発電所をどんどん増やしていきました。また，送電線も先に引いてしまったほうが，有利になります。市場においてこうした状況を放っておくと，1つの電力会社だけで市場を独占してしまうことになります。このような状況を自然独占と呼びます。自然独占になると競争相手がいなくなるので，電力会社は，消費者に対して不当に高い料金を設定して，儲けようとするでしょう。これは市場の失敗◎の一例です。こうした事態を避けるために，電力料金は国の許可を得ないまま勝手に変えることができない，公共料金とされています。このように，国と，市場を独占している電力会社は，ともに電力のあり方について大きな影響力を持ってきたのです。

こうした影響力は，エネルギー資源の選択にも及びました。たとえば，「エネルギー基本計画」によって，将来における日本のエネルギーのあり方が決められてきました。しかし，この計画は国会でもほとんど議論されないまま，国と電力会社の意向が強く反映されてきたのです。

福島原発事故以降，脱原発を求める世論は依然として根強いにもかかわらず，今なお日本では原発が維持され続けています。この背景には，年間1兆円ともいわれる原発に関連した市場を維持したい，電力会社や原発の関連産業からなる原発利益共同体の存在があります。このように，特定の企業や利益団体から国が強い影響を受けている事態は，政府の失敗◎の典型例であるといえます。

以上のように，大規模集中型エネルギーシステムのもとで，国と電力会社が大きな影響力を持ち，そのもとで原発が今なお推進され続けているのです。

原発は安上がりなのか

そうはいっても，「原発によってつくられる電力は安上がりで，なおかつ CO_2 も出さないので温暖化対策にも有効だ」という意見を耳にしたことがあると思います。はたして，本当にそう考えてよいのでしょうか。

原発からつくられる電力が安上がりであるという場合には，費用として含まれていないものがあることに注意が必要です。たとえば，後で見る原発が立地する地域に流れ込む財政資金，膨らみ続けてきた核燃料サイクル施設にかかる経費，そして福島原発事故にともなう賠償の費用については，いずれも少なく見積もられていたり，または含まれていないものもあります。しかも，これらの費用は電力会社が支払うのではなく，税金をはじめとして社会全体で負担することになっているのです。こうした費用は，**社会的費用**と呼ばれます。つまり，原発にともなうさまざまな「ツケ」を，社会的費用として社会全体に押しつけてきたために，電力会社の立場からすると原発は安上がりだったのです。

そのような批判を受けて，国は2015年に発電単価についての新たな試算を公表しました。そこでは，1キロワット時で原子力が10.1円に対して，石炭火力が12.3円，天然ガスが13.7円とされていました。しかし，この新たな政府試算も，膨れ上がる福島原発事故にともなう賠償の費用や廃炉費用を小さく見積もったり，原発事故の後に追加で必要になった安全対策の費用を含んでいなかったことなどが指摘されました。これらを踏まえて，「原子力市民委員会」が再計算したところ，原子力が17.9円となり，石炭火力や天然ガスよりも高い結果になったのです。このように，福島原発事故を経て，原子力は割高な電力になっているのです。

また，原発は CO_2 を出さないといわれますが，正確ではありません。実際に CO_2 を出さないのは，発電するときのみに限られるからです。たとえば，ウラン燃料の精製や使用済み核燃料の処理・保管において必要となる，膨大なエネルギー消費は考慮されていないのです。このように，原発施設の建設や，核燃料の生産から使用，そして放射性廃棄物の処理に至るまでの全体の過程を通じた，エネルギー消費や環境への負荷も合わせて評価する必要があるのです。こうした考え方を**ライフ・サイクル・アセスメント**（Life Cycle Assessment：LCA）といいます。

原発立地地域の経済と電源三法交付金

原発が立地している地域の経済について考えましょう。原発によって，巨額の資金が立地している地域に流れ込んできます。なかでも原発が建設される段階では地域は潤うのですが，しかしそれと同時に，以下のような問題点を抱えることにもなります。

第1に，原発の立地場所で環境破壊が生じます。原発は大量の熱を発するので，それを冷やすためにたくさんの水が必要です。そのため，海に面して建てる必要があり，海岸を切り崩したり埋め立てたりする工事がともないます。また，原子炉を冷やした後の温排水が海へ流れ出し，周辺の生態系が乱されてしまうことも指摘されています。

第2に，地域社会の中で分断が起こります。第②節の六ヶ所村の事例で見たように，住民たちが立地について賛成か反対かをめぐって激しく対立してしまい，その結果，家族や地域社会がばらばらになってしまうのです。

第3に，原発の建設工事によって一時的には潤うものの，原発の立地がもたらす地域経済への波及効果は長続きせず，かえって地域の衰退をもたらします。六ヶ所村では農民が農地を手放したことで，畜産や農業というそれまでの「地域の営み」が姿を消していきました。また，畜産や農業を続けた農家も，原発に関連した企業を相手にした商売ができるわけではないので，地域経済への波及効果はそれほど長続きしないのです。

このように地域経済への波及効果は，建設工事の期間に限られるため，これを補うお金が，国や電力会社から地域に流れ込んでくる仕掛けがつくられています。原発が立地する自治体（以下，立地自治体）にはたくさんのお金が配分されるので，財政が潤うという話を聞いた人もいるでしょう。これが第②節の

CHART 図 6.3 立地自治体および周辺の自治体への電源三法交付金の配分モデル

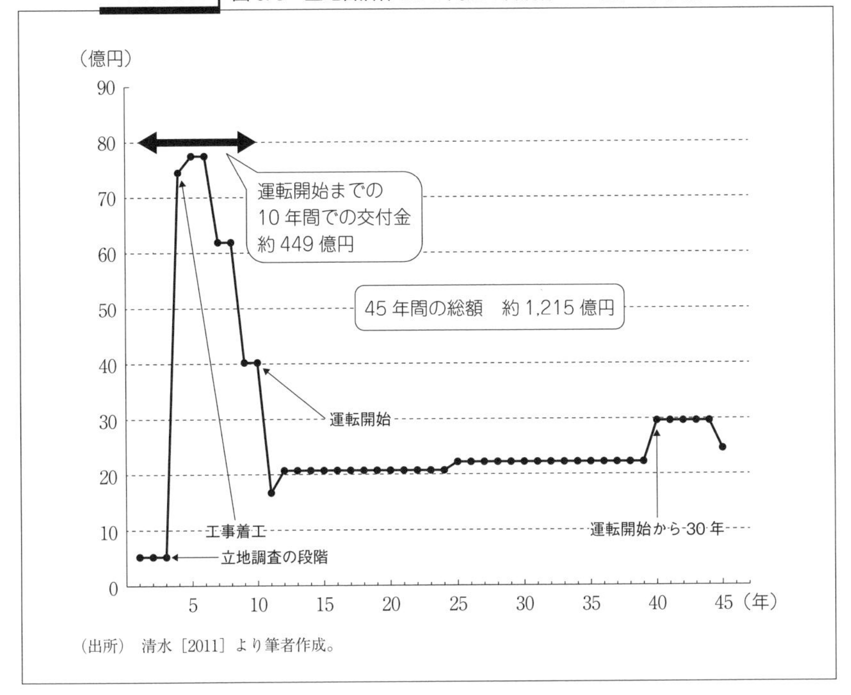

(出所) 清水 [2011] より筆者作成。

六ヶ所村のところでも触れた，電源三法交付金の仕組みです。火力発電所や水力発電所がある自治体にも，この交付金の一部が配分されますが，約 7 割が原発の立地自治体へと配分されています。また，この交付金の財源は，私たちの電気料金に上乗せして集められています。

図 6.3 は，電源三法交付金が配分される時期と金額を示しています。ここで注目しなければならないのは，交付金が支払われる時期です。原発の立地をめぐって，地域が賛成と反対との間で揺れ動いているような，立地調査の段階から交付金が支払われます。次に，工事の着工直後から原発の運転開始までの間に，多額のお金が立地自治体と周辺の自治体に流れています。これは，原発立地への反対の声を抑えることを狙っていると考えられます。さらに注目してほしいのが，運転開始から 30 年たったら交付額が割り増しされることです。これは，原発をできるだけ長い間稼働させることで，原発にかかった巨額の投資を回収したいという電力会社の意向に沿ったものであり，原発の老朽化に対

する住民の不安を抑え込む意図が読み取れます。

エネルギー自治を阻む原発マネー

電源三法交付金のほかにも，電力会社からの寄付金として，不透明な巨額のお金が立地自治体に入る場合もあります。たとえば，福島原発事故以降，2012年8月までの約1年間で総額31億8000万円の寄付金が，電力会社から6つの立地自治体に対して支払われたといわれています。このうち，24億円分は誰による寄付なのか公表されませんでした。また，島根原発の場合，立地自治体に対して最も多く寄付金が支払われたのは1986年であり，それはチェルノブイリ原発事故が起きた年でした。

こうした立地自治体および周辺の自治体への交付金や寄付金といったお金の流れは，原発マネーと呼ばれます。六ヶ所村がそうであったように，このようなお金の流れによって立地自治体や周辺の自治体では，反対の声をあげづらい状況に追い込まれているといえます。

ここまで原発を事例として，大規模集中型エネルギーシステムの実態を見てきました。エネルギーは国策であるという考え方，限定的な地域経済への波及効果，立地をめぐる地域社会の中での対立，不安や反対の声を抑え込む原発マネーなど，その様子はエネルギー自治とはかけ離れています。

このように，エネルギー自治からかけ離れた大規模集中型エネルギーシステムが，やがて取り返しのつかない深刻な事態を引き起こしてしまうことを，私たちは福島原発事故によって思い知ることになりました。したがって，再生可能エネルギーを中心とした**小規模分散型エネルギーシステム**へと転換し，地域からエネルギー自治を求めていくことが大事になっているのです。

再生可能エネルギーによる地域再生

次に，最近よく見かけるようになった大規模な太陽光発電所，いわゆるメガソーラーを例に，再生可能エネルギーを地域再生につなげるためにはどうすればよいか考えてみましょう。

メガソーラーが増加してきたのは，2012年の**固定価格買取制度**（Feed-in Tariff：FIT）の導入によって，太陽光発電が高い価格で買い取られるようになったからです。このことに注目した大企業は，投資の一環として安い土地を買い占め，大型のソーラーパネルを次々に設置していきました。そこであがった利益は本社のある東京などに流れるので，パネルが設置された地域には利益はわずかしか残りません。

また，同じことは風力発電でも起こりました。地域外から建設計画が持ち込まれて，住民の意向をしっかり踏まえないままに進められた結果，野鳥などが風車に巻き込まれるバードストライクや騒音など，環境問題を引き起こす場合もありました。

以上のように，再生可能エネルギーであっても，それが外来型開発として進められた場合，地域再生にはつながらないのです。このことを踏まえると，再生可能エネルギーを地域再生につなげるためには，エネルギー自治に基づく内発的発展◎が不可欠であることは明らかでしょう。そこでのポイントとして，次の３つがあります。

第１に，地域内経済循環◎を高めていくことです。下川町では，木材の製材・加工と木質バイオマスの利用といった産業間の連携を図ることで，森林資源を活用する「森林総合産業」が形づくられてきました。そしてこれによって，地域経済への波及効果をより高めることができる仕組みがつくられてきたのです。

また，それまで地域外から購入していた重油や石油に代えて，地域内で調達できる木質バイオマスを使うことで，中東の国々へと流出していた2.1億円分の燃料代が下川町内へ還流するようになりました。さらに，下川町全体での製材・木製品や，アロマオイルなどの森林総合産業全体の売上によって，地域外から23億円もの外貨を獲得しています。

第２に，エネルギー利用を減らしていくことです。現在のように，大量のエネルギーを消費することを前提としたうえで，そのすべてを再生可能エネルギーによってまかなうことは，現実的ではありません。したがって，住宅の断熱改修を進め，より少ないエネルギーで快適に過ごすための工夫が必要になります。とくに，農山村に多い日本家屋は断熱性において大きく後れをとっており，無駄なエネルギーの消費を招いています。これを改善するための断熱改修は，地域の工務店でも工事ができるため，地域経済の活性化にもつながります。

第3に，再生可能エネルギーを普及させるための事業やインフラ◎整備を進めるための資金調達です。これらの資金を信用金庫，信用組合，および地方銀行といった地域金融機関から調達することで，利子や配当といった利益を地域内にとどめることができます。また，これら民間の資金以外にも，地方債といった地方財政や市民出資など，多様な調達方法が考えられます。

以上のような3つのポイントをしっかり踏まえることによって，再生可能エネルギーの活用と地域再生とが両立する，エネルギー自治が実現できるようになります。

エネルギー自治のこれから

最後に，エネルギー自治のこれからについて，制度と担い手に着目して考えます。

まず，エネルギー自治の制度についてです。そこでは，地域が柔軟に対応できるものであることと，地域という枠組みにとどまらないことが重要です。このうち前者については，第**9**章で紹介する福岡県みやま市の取り組みのように，地域の可能性や課題を踏まえながら，地域が主導してFITを活かしていくことがあげられます。他方で後者については，電力会社の送電線に，再生可能エネルギーから生み出された電力を優先的に接続させることが重要です。なぜなら，現状ではせっかく再生可能エネルギーによる電力がたくさん生産されても，送電線の容量を超えてしまいそうになったときには，電力会社が原発や火力発電による電力を優先させ，再生可能エネルギーによる電力の受け入れを制限できる仕組みになっているからです。これを改善しない限りは，再生可能エネルギーをさらに増していくことはできません。

次に，エネルギー自治の担い手についてです。**電力自由化**によって新たな発電事業者が市場に参入することで，電力消費者である都市の住民の選択肢が増えました。これにより，再生可能エネルギーに熱心に取り組む事業者を選ぶことを通して，都市の住民もエネルギー自治の担い手としての役割を果たすことが期待されています。

また農村において，エネルギー自治の担い手として最も期待されるのは自治体，とくに市町村です。下川町では，森林組合，製材業者，燃料の販売業者な

Column ❼ エネルギー貧困

近年，貧困に関するテーマに，高い関心が寄せられています。じつは，エネルギーも貧困と密接に関係しており，エネルギー貧困という考え方があります。エネルギー貧困とは，家庭内で生活するために必要なエネルギーを十分使えない状態を指します。

こうしたエネルギー貧困は，薪を拾わないと調理ができないような，途上国の話だけではありません。所得の 1 割以上を光熱費に使ってしまっている状態は，エネルギー貧困に陥っているとされています。日本でも，とくに冬の寒さが厳しい地域では，多くの人びとがあてはまります。たとえば，2013 年の冬は，国内の約 15% の世帯がエネルギー貧困に陥っていました。とくに，所得が低い人ほど，光熱費の負担が重くなっています。

エネルギー貧困を解決するポイントの 1 つが，住宅の断熱です。そのため，住宅の断熱基準を設定し，住宅メーカーに対応を求めるなど，より少ないエネルギーで快適な住環境が確保されるための政策が求められます。また，ドイツのフランクフルト市では，エネルギー貧困に直面する家庭に派遣された省エネ診断士が，エネルギー費用を削減するためのアドバイスを行ったり，省エネ機器を提供したりしています。

福祉政策として貧困を減らすこととあわせて，環境・エネルギー政策として CO_2 の削減も実現する。エネルギー貧困の対策においても求められる，このような環境政策統合◎の考え方は，第 **8** 章で紹介します。

どの多様な主体がかかわる中で，これらの主体が連携・協働できるように積極的に調整を担ってきたのは，自治体でした。

以上のように，再生可能エネルギーを中心とした小規模分散型エネルギーシステムでは，地域における多様な主体がかかわってきます。そのため，これらの主体の間での連携・協働というガバナンス◎や，その中での自治体の役割が，重要になっているのです。

THINK

① 原発が立地している地域を1つ選んで，エネルギー自治の観点から見て，具体的にどのようなことが問題なのか考えてみよう。

② 再生可能エネルギーの活用に積極的な地域を選び，これまでの取り組みをさらに進めるためには何が必要なのか考えてみよう。

③ 電力会社などと電気の契約をする際に，どのような基準で選ぶのがよりよいのか，価格以外の自分なりの基準について考えてみよう。

さらに学びたい人のために　Bookguide

舩橋晴俊・長谷川公一・飯島伸子［2012］『核燃料サイクル施設の社会学――青森県六ヶ所村』有斐閣

→大規模集中型エネルギーシステムが，地域社会や住民の生活をどのように変えてきたのか。社会学者による綿密な地域調査によって，そのことを解明した本。

大島堅一［2011］『原発のコスト――エネルギー転換への視点』岩波書店（岩波新書）

→原発は本当に安上がりなのか。政府による発電コストの計算に関する問題点を指摘し，日本のエネルギー政策を鋭く批判した1冊。

諸富徹［2015］『「エネルギー自治」で地域再生！――飯田モデルに学ぶ』岩波書店（岩波ブックレット）

→第**7**章でも取り上げる長野県飯田市を事例に，地域再生にとって再生可能エネルギーがいかに役立つかを明らかにしています。小規模分散型エネルギーシステムに基づいた地域の将来像が，いきいきと描き出されています。

CHAPTER

第7章

まちづくりとアメニティ

景観を守ること・創ること

「しかるべきものが，しかるべき場所にある」風景。滋賀県長浜市の黒壁スクエア（左）と長野県飯田市のりんご並木。

KEY WORDS

- □ まちづくり
- □ 景観まちづくり
- □ 歴史的環境
- □ 景観条例
- □ アメニティ
- □ 混雑現象
- □ ストック
- □ 環境評価
- □ 地域ブランド
- □ 社会的価値

1 テーマと出合う

あの街，この町，「まち」とは何？

こんなに蔵が並んでいる街並みは，独特の雰囲気があって，いいね！

でも，この街並みも，自然に残ってきたわけではないよね。

そうだね。開発の波の中で，消えてしまった街並みも少なくないからね。だから，こうして街並みが残っているところでは，いろんな取り組みがあったんだよ。

雰囲気がいいまちは，活気もありますよね。最近は，外国からの観光客も多く来ていますし。日本らしさを感じるのでしょうかね？

確かに雰囲気はいいし，活気もあるけど。 でも，このまちに住みたいかなあ……。

それじゃ，ゲンバくんは自分が住んでいたまちは好きなのかな？

とくに何もないところだけど，嫌いじゃないよ。たまに帰ると，なんだか落ち着くんだよね。

ところで，そもそも「まち」って何だろうね。街，町，まち。いろいろあるから，それぞれ意味も違うんじゃないのかな？

う～ん，難しいですね……。でも，どれも，そこに住む人たちの生活にかかわっていますよね。だからこそ，いずれも身近な存在なのでは？

でも，身近な存在でも，そこでボーッと生活していたら，自分のまちも何となくしかイメージできないよね。「自分のまちのよいところ」とか，なかなかアピールできないよ。

そんなときは，外からの視点も大事だよ。たとえば大学の友達を一緒に連れてきて，自分のまちを見てもらうとか。外国の友達とかも，いいと思うよ。

こうして外へ出て，他のまちを見て，自分のまちを見直すということもあるよね。では，そんな外からの視点を持つために，このまちのおいしいものを探しに行こう！

ゲンバくんは，食べることになったら，さらに調子よくなるんだから……。

POINT

- 今ある街並みは，自然に残ってきたものではありません。
- まちは，そこに住む人びとの生活を通してつくられてきました。だからこそ，まちは身近な存在なのです。

■ 自分たちのまちを考えるにあたっては，外からの視点も大切です。

2 テーマを理解する

景観まちづくりの歴史と現場

「まち」を「つくる」

この章ではまちづくりがテーマです。最初に，この言葉の意味について理解していきましょう。じつは，この言葉，とても奥が深いのです。

まちづくりは「まち」を「つくる」ことなのですが，「まち」については，「街」や「町」と漢字を使うこともあります。まち，街，町。このように表記が違えば，意味も異なります。街を使う場合は地域にある建物や施設に，町を使う場合は地域コミュニティなどの仕組みに，まちを使う場合はそれが住民に身近な存在であることに，それぞれ関心が向けられているといえます。しかし，このような違いはありますが，いずれも人びとが集まり，そこで生活が営まれてきた地域にかかわることは，共通しているのではないでしょうか。

それでは，「つくる」にはどのような意味があるのでしょうか。ここには，重要なことが２つあります。その１つは，「誰が」つくるのかということです。現在のまちづくりでは，「自分（たち）が」つくることが強調されています。この背景には，後で述べるようなまちづくりの歴史があり，その中でまちについて大きな問題や危機が起こり，それを受けて自分（たち）がまちづくりを担ってきたことがあります。

もう１つは，「つくらない」ことも，まちづくりであるということです。つくらないとは何もしないのではなく，つくられてきたまちを守ることを意味します。そして守るものは，自然や歴史的な建造物などの形のあるものだけでなく，ルールやコミュニティといった形のないものも含みます。このように，まちづくりはまちをゼロからつくるものというよりも，それまでのまちの歴史を踏まえたうえで，「守る」ことと「創る」ことが合わさったものであるといえます。

ところで，まちづくりの対象には環境だけでなく，商業，交通，福祉，スポーツ，そして防災など，さまざまなものがあります。また，これらのテーマが互いに関係する場合もあります。その中で，この章では，まちづくりという言葉が使われるようになった背景にも深く関係する，**景観まちづくり**を取り上げていきます。なお，ここでは景観を，地域の歴史と文化に根ざしながら，自然環境と歴史的な建造物などの**歴史的環境**によって構成されている，地域環境の1つとしてとらえていきます。

開発の波の中で失われた景観

まちづくりという言葉が本格的に使われはじめたのは，高度経済成長期にあたる1960年代とされています。この時期には，農村から都市へと多くの人びとが移動しました。そして都市やその周辺では，これらの人びとが働き，また暮らす場所を確保するための開発が進みました。そのような開発の波の中で，失われていったものが景観でした。

これに対して，地域によっては景観を守るための運動が起こりました。たとえば，神奈川県鎌倉市では，この地域における代表的な歴史的環境の1つである鶴岡八幡宮(つるがおかはちまんぐう)の裏山にあたる地区で，宅地造成の計画が持ち上がりました。1964年のことです。この計画に対して，著名な文化人を含めた住民，学者，僧侶などによる反対運動が起こりました。この運動が興味深いのは反対だけにとどまらずに，募金を集めて建設予定地であった土地の一部を買い取り，開発を阻止しようとしたことです。これはイギリスに始まるナショナル・トラストと呼ばれるものであり，鎌倉市でのこうした取り組みは日本における最初のものとして注目されました。

けれども，このような鎌倉市での取り組みは，当時においては例外的な存在でした。鎌倉市と同じく，歴史的な建造物が多い京都市や奈良市などでは，高度経済成長の中で進む道路の整備や，ホテルやタワーなどの建設によって，景観が失われる事態が次々と起こりました。もちろん，各地で反対運動は起こりましたが，事態を大きく変えることはできませんでした。

そこで，鎌倉市，京都市，および奈良市などが互いに連携しながら，国に対して法律をつくるように働きかけました。その結果，古都保存法が1966年に制定されました。しかし，この法律では文字通り古都のみを対象にしていたこと，また歴史的風土を現状のまま保存することを重視したため，利活用の視点が欠けていたことなどの課題がありました。

景観訴訟から景観条例・景観法へ

地域によっては景観をめぐる争いに収拾がつかず，景観訴訟が起こりました。当初は，文化財保護法の対象にもなっていた，有名な景観が取り上げられましたが，次第に道路の拡幅による巨杉（きょさん）の伐採や，オフィスビルの建設にともなう日当たりの悪化など，地域の生活と密接にかかわるものも取り上げられました。けれども裁判の判決では，景観を享受する利益は法律上守られるべきものではないとされてしまい，原告の主張は退けられ続けました。

このように裁判による解決が遅々として進まなかった一方で，それぞれの地域の特徴を踏まえて，地方自治体が主導しながら景観を守るためのルールづくりが行われるようになります。それが**景観条例**です。その最初のものが，1968年に制定された金沢市伝統環境保存条例でした。

古都保存法の対象からは外れた金沢市でしたが，この法律を参考にしながら，歴史的な建造物が残る地域を歴史的環境地区として指定し，これらの地区で建築行為などを行う者に対して届出を義務づけました。また，地区内において武家屋敷や寺院などの土塀を整備・修復するために，市が独自に助成金を出したことも注目されました。

やがて，景観条例の件数は**図7.1**のように増え，全国各地で設けられるようになりました。そして，景観条例の成果や課題を踏まえたうえで，2004年には国の法律として景観法が制定されました。この景観法では，自治体は景観行政団体として景観計画を策定し，とくに景観において重要な地区については景観地区を定めることができ，これまで以上に積極的な規制やルールづくりなどが行えるようになりました。

条例による景観まちづくり：京都市の事例

京都駅の烏丸口（からすまぐち）を出ると，すぐに京都タワーがそびえ立っています。多く

CHART　図 7.1　景観条例の件数の推移

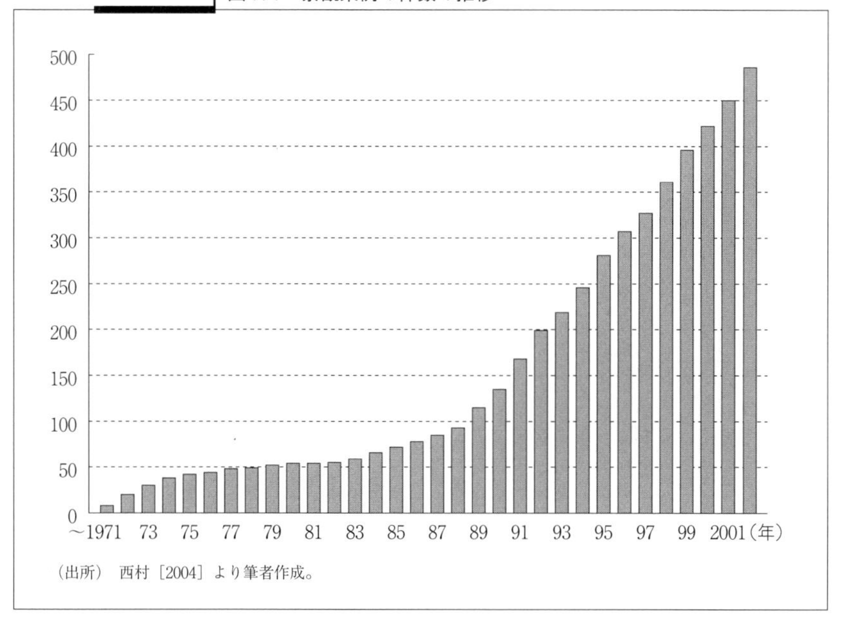

（出所）　西村［2004］より筆者作成。

の観光客がその姿を写真におさめている様子は，今となっては日常的なものです。しかし，このタワーの建設計画が持ち上がった当時は，京都の景観を壊すものとして大きな争いになりました。結局，このタワーは 1964 年に完成して今に至るのですが，そこで得られた教訓が 1972 年の京都市市街地景観条例へとつながりました。

現在，その条例は改正されて京都市市街地景観整備条例となっています。この条例のポイントは大きく分けて 2 つあります。第 1 に，景観条例の中でも厳しい規制をかけていることです。具体的には，国の法律である都市計画法で定められた美観地区（現在は景観法で定められた景観地区）の仕組みをもとにしながら，歴史的な建造物や京町家などの京都らしい建築物などを守るために，地域の特色に応じた細かい規制を行っています。

第 2 に，景観を守るだけでなく，景観を新たに創ることも含んでいることです。当初の条例に設けられていた特別保全修景地区（現歴史的景観保全修景地区）では，町家住居の様式についてきめ細かい基準を設ける一方で，それらの基準に沿った建物の新築や増改築を促すために，市独自の補助金を設けていました。

Column ❽ なぜ景観条例は広まったのか

条例は国の法律に基づきながらも，地方自治体が自ら抱えている地域の政策課題に応じる形で独自に設けているものです。条例にはさまざまなものがあり，第**2**章でも紹介したように，公害対策においても大きな役割を果たしました。その中で，景観条例は図7.1のように件数が増え，全国的に広まっていきました。なぜ，このような動きが現れたのでしょうか。

これについて，伊藤修一郎は相互参照という考え方を紹介しています。相互参照とは，簡単にいえば「他の自治体のまねをする」ことです。視察や研修会などで得た情報や人脈を通して，まねをしていったのです。それでは，なぜそのようなことが起こったのでしょうか。

その理由として，まねをする自治体（後続自治体）にとっては，条例づくりへ向けた不安が少なくなることがあげられます。似たような政策課題を抱えている他の自治体が，先行して条例をつくって同じような課題の解決を図ろうとしているという事実は，後続自治体の職員の間だけでなく，条例づくりにおいて大きな影響を及ぼす首長や議員に対しても，一定の説得力を与えるものになるのです。

さらに興味深いのは，このような自治体の存在が，まねをされた自治体（先行自治体）にとっても，よい影響を及ぼすことです。なぜなら，後続自治体が相次いで現れてくれることは，先行自治体にとっては「自分たちがつくった条例は間違いではなかった」ことを確認できる，有力な証拠となるからです。また，後続自治体における条例には，先行自治体のそれにはない工夫が施されていることもあります。先行自治体は，そのような後続自治体から学び，自らの条例の内容や運用をよりよく変えていけるようになるのです。

また，現在の条例で設けられている建造物修景地区では，空を背景とした建物の輪郭線（スカイライン）と山並みとを調和させるための景観づくりを目的として，建物の新築等において街並みとのデザインの調和，山並みを意識した屋根の形状，および高層建物のセットバック（建物の上層部を下層部よりも後退させることで階段状にすること）などが求められています。

良好な景観を守り，また創るためには，都市の中で数多く存在している屋外

CHART 図 7.2 京都市の新景観政策における眺望景観の規制内容

3つの区域	規制内容
眺望空間保全区域（下図の網掛け部分）	視点場から視対象への眺望を遮らないように建物等の最高部が超えてはならない標高を定める区域
近景デザイン保全区域（下図の斜線の部分）	視点場から視認することができる建物等が，優れた眺望景観を阻害しないようデザインについて基準を定める区域
遠景デザイン保全区域（下図の……の内側）	視点場から視認することができる建物等が，優れた眺望景観を阻害しないよう壁，屋根等の色彩について基準を定める区域

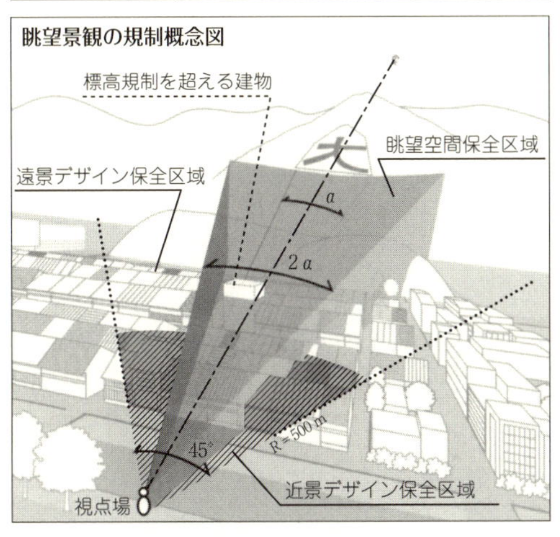

（出所） 京都市都市計画局［2007］を一部修正。

広告物に関する対策も欠かせません。これについて，京都市では1997年に従来からあった屋外広告物条例を改正して，対策を強化しました。さらに，景観法を踏まえて2007年から取り組まれている新景観政策では，屋外広告物の基準を設けただけでなく，田の字地区とも呼ばれる都心幹線沿道地区や，その内側にある職住共存地区における高さ規制をより強化したり，また京都の夏の風物詩である五山送り火の1つである，東山如意ヶ嶽の大文字の眺めを守るために，図7.2のように視点場を設けたうえで，建物の高さやデザインに関する規制が行われたりしています。

景観まちづくりの新たな展開：トレード・オフからサステイナブルへ

開発の波の中で起こってきた景観をめぐる争いでは，開発を進めるのか，それとも景観を保全するのかという，開発と保全との「トレード・オフ」がよく見られました。しかしながら，開発から取り残された地方や，さらには高度経済成長が終わり，郊外化が進むことで生じてきた中心市街地の衰退の中では，新たな景観まちづくりが展開されてきました。

具体的には，景観を生み出す地域環境を保全すること，まちづくりにかかわる担い手づくりや組織づくりによって地域社会を活性化させること，そして地域経済を発展させること，これら3つを両立させる動きです。とくに，まちづくりを持続的なものにするためには，担い手づくりや組織づくりが重要な位置を占めてきます。これらの動きを，ここではまちづくりの「サステイナブル」化と呼ぶことにします。そのような事例として，ここでは滋賀県長浜市を取り上げます。

そこで中心的な役割を果たしてきたのが，自治体と民間とが共同出資した第三セクターである「黒壁」です。「黒壁」の名前は，地元の人たちに親しまれていた銀行支店の建物に由来しています。しかし，この建物は老朽化が進む中，不動産会社に売却されてしまい，存亡の危機に直面しました。「黒壁」は，1988年にこの建物を買い取り，それを活かしたまちづくりを中心的に担ってきたのです。

この会社は，青年会議所をもとに地域課題に取り組んでいたながはま21市民会議や，自主的な勉強会である光友クラブを通して，市職員とも顔見知りになっていた地元経営者が中心となって出資し，設立されました。このことが従来の枠組みにとらわれない，ユニークなまちづくりを可能にしました。そこではまず，自分たちのまちづくりが地域外の大企業からの影響を受けることがないように，それらの企業との差別化を図るためのコンセプトとして，文化芸術性，歴史性，そして国際性を掲げました。

次に，このコンセプトに基づいたまちづくりの事業ですが，これがユニークなものでした。ヨーロッパでの視察から学んだことや，長浜市と共同で物産展を行っていた北海道小樽市の取り組みを踏まえて，それまでの長浜市にはなかったガラス工芸を地域の文化として根づかせ，まちづくりに活かすことにしたのです。それはガラス館，ガラス工房，レストランの3店舗から構成された「黒壁スクエア」を起点として進められ，やがて多くの観光客がやってくるようになりました。その後，その周辺にあった町家を改修しながらガラス街道を整備することによって，景観まちづくりの側面がさらに強くなっていきました。

まちづくりの土台としての学習：長野県飯田市の事例

長浜市と同じく，地方都市のまちづくりにおける担い手づくりや組織づくりで注目されているのが，長野県飯田市です。飯田市の中心街にあるりんご並木は，第二次世界大戦後にこの地を襲った大火の後のまちづくりを住民の手によって進めた証であり，今もなお飯田市における代表的な景観の1つであり続けています。

飯田市は人口10万人程度の地方都市ですが，さまざまな分野で先進的なまちづくりを行ってきました。りんご並木だけでなく，人形劇フェスタ，農業によるワーキングホリデー，中心市街地活性化のためのタウンマネジメント機関，そして近年では再生可能エネルギーやサブカルチャーでも注目を集めています。これらの飯田市におけるまちづくりの特徴を一言でいえば，「住民が主体であり，行政は黒子である」です。そして，この特徴を生み出している仕組みとして，飯田市では公民館が重要な役割を果たしているのです。

飯田市には，小学校の通学範囲（小学校区）ごとに公民館が配置されています。現時点では全部で20の公民館がありますが，その運営が独特なのです。各公民館では住民が文化，体育，広報をはじめとした専門委員会に携わっています。そして，これらの専門委員会での活動を通して，住民は学習をしながら自らの地区のまちづくりにかかわっていきます。また，これらのまちづくりの様子の一部は，公民館報（地区によっては公民館新聞）を通して定期的に発信されてきました。

飯田市も，まちづくりの中核を担ってきたこれらの公民館に，市職員を配置したり，財源を手当てしたりして積極的に支援してきました。公民館に配置される市職員は公民館主事と呼ばれていますが，これらの主事が住民らの公民館での活動をさまざまに支えてきました。その姿は，まちづくりでよく注目される「スーパー公務員」のように住民を導き，引っぱっていくものとは異なります。公民館主事としての経験を通して，まちづくりに積極的にかかわっている住民たちから「巻き込まれる力」をつけてもらう中で，これらの住民を影でしっかりと支えていくようになる。そのような黒子に徹する公務員の姿を，飯田市ではまちづくりにおける多くの場面で見ることができるのです。

WORK

① あなたが関心のある地域における景観について，その成り立ちから今に至るまでを調べてみよう。
② 全国にある景観条例の中で，あなたが関心のある地域のものを取り上げて，景観を守ることと創ることに関する特徴を調べてみよう。
③ あなたが関心のあるまちづくりにおいて，担い手づくりや組織づくりがどのように行われてきたのかについて調べてみよう。

テーマを考える

アメニティの経済学

アメニティとは何か

景観や景観まちづくりに関連した重要なキーワードとして，**アメニティ**があります。イギリスは，この言葉を用いた法律があるほど，アメニティという言葉と深い関係を持っている国です。

その背景には，産業革命によって「世界の工場」となり，いち早く工業化と都市化が進むなかで，住宅問題や大気・河川の深刻な汚染問題が起こっただけでなく，歴史的な建造物なども失われていったことがあります。そのような中で，物質的な豊かさとは異なる，住み心地のよさや快適な居住環境という「生活の質」に，人びとの注目が集まるようになりました。そして，このような「生活の質」と深く関係している言葉が，アメニティなのです。

それでは，アメニティとは何でしょうか。日本では，イギリスで都市計画を研究していた法学者である，ホルフォードによる定義がよく紹介されてきましたが，そのなかでも「しかるべきものが，しかるべき場所にある」（the right thing in the right place）ことが注目されてきました。この定義から，みなさんに読み取ってもらいたいことが2つあります。

その1つは，「もの」だけでなく，「場所」も含まれているということです。景観と聞いて私たちがイメージするのは，景観を構成している自然や歴史的な建造物などの，形のある「もの」なのではないでしょうか。しかし，アメニティの対象にはこれらの景観を守り，また創ってきた「場所」も含まれており，「もの」と「場所」を一体的にとらえていることが，上の定義から読み取ることができます。

もう1つは，「しかるべき」の拠り所は何かということです。日本における環境経済学のパイオニアの1人であり，またアメニティについてもいち早く注目してきた宮本憲一は，アメニティは抽象的な考え方ではなく，生活やそれらが営まれる地域の中で生み出される考え方であることを述べています。このことから，アメニティの拠り所は，生活やそれらが営まれる地域における，具体的な体験や実践の中にあるといえます。

アメニティをめぐる問題：混雑現象と土地問題

第**5**章でコモンズを取り上げましたが，アメニティはルース・コモンズ◎の性質を備えていることが多いといえます。先ほど述べたように，アメニティは人びとの生活やそれらが営まれる地域の中で生み出されているのですが，そうすると，他の人びともその地域を訪れることによって，アメニティを享受することができるからです。

このようなルース・コモンズとしての性質を備えていることによって，アメニティをめぐってはいくつかの問題が起こります。その1つは，**混雑現象**です。良好なアメニティがある場所やそれらを抱える地域は，マスメディアなどを通して知られることで，たくさんの観光客をひきつけます。これらの観光客の消費によって，地域経済が潤うところもあります。しかし，観光客が増えた結果として，美しい農村景観を活かしたまちづくりで先駆的な役割を果たした大分県湯布院(ゆふいん)町（現由布市）や，合掌造り集落が世界遺産に登録された岐阜県白川村では，交通渋滞が深刻なものとなり，地域の人びとは対応に苦慮してきました。

もう1つは，アメニティを生み出す土地の所有や利用です。アメニティを生み出す自然環境や歴史的環境の多くは土地に根ざしています。そして，それらの土地は特定の個人や企業などが所有していたり，また利用したりしています。景観でいえば，街並みを構成している民家である町家は，その最たる例です。

アメニティとの兼ね合いから問題になるのは，そのような土地の所有者や利用者が，自らの利益を重視しすぎることによって，アメニティが失われてしまうことです。もちろん，土地から生み出される利益をできるだけ大きくすることは，大事な考え方の1つです。しかし，後ほど述べるように，アメニティがもたらす価値のすべてを，お金で評価することは難しいのです。そして，このことから，土地の所有者や利用者がお金で評価できる利益に偏った判断をしてしまうことがあります。その結果，開発の波の中で景観が失われてきたのです。

ストックとしてのアメニティ

アメニティが持っている性質は，ルース・コモンズの他にもう1つあります。それは，アメニティはストックであるということです。

経済学には，フローとストックという考え方があります。このうちフローとは，「ある一定の期間」に起こる変化をとらえる考え方です。例としては所得があります。みなさんの多くは，アルバイトの経験があると思います。それらのアルバイト代は，給与所得と呼ばれています。ところで，アルバイト代の多くは時給や日給で示されています。つまり，アルバイトを1時間行えば，また1日行えば，時給や日給で示された金額の分だけ所得が増えます。それは，1時間や1日といった，一定の期間に起こった変化です。ですから，所得はフローなのです。

これに対して**ストック**は，「ある一時点」における状況をとらえる考え方です。例としては貯蓄があります。アルバイト代の一部を貯金（お金で貯蓄すること）している人も多いと思います。その貯金が，今いくらあるのかを確かめる手段としては，通帳があります。通帳を眺めてみると，その人が今までのある一時点ごとに，どれだけ貯金をしてきたのかがわかります。そして，このように把握できるのは，貯蓄がストックにほかならないからです。

さて，アメニティがストックとしての性質を持っているということは，どういうことを意味するのでしょうか。景観を例にすると，今ある景観は，ある一定の期間という限られたものではなく，これまでの歴史という一時点ごとの積み重ねの中で景観を守り，また創ってきたことの上にあるということです。そのため，ストックとしてのアメニティの中には，失ったりまた破壊されたりすると，元に戻すことができないものがあります。このことは，第**2**章の公害のところで述べた絶対的損失◎が，アメニティでも起こってしまうことを意味します。

アメニティがもたらす価値と環境評価

先ほど，アメニティがもたらす価値のすべてを，お金で評価することは難しいと述べました。しかし，それをできるだけ評価する試みも行われてきました。アメニティがもたらす価値は，アメニティを構成する自然環境や歴史的環境という，これらの環境価値が反映されることになります。

このような環境価値には，大きく分けて利用価値と非利用価値があります。このうち利用価値とは，環境を利用することで得られる価値のことです。この利用価値には，直接利用価値，間接利用価値，およびオプション価値があります。それぞれについて，景観を例に説明すると次のようになります。

直接利用価値は街並みを構成する町家で事業が行われることで得られる価値，また間接利用価値は町家のように直接利用するものではない街並み全体を，景観まちづくりとして利用することで得られる価値，さらにオプション価値はこれらの利用価値を将来においても享受できることを選択肢として残しておくことに由来する価値です。

他方で，環境を利用しなくても得られる価値もあり，それは非利用価値と呼ばれています。この非利用価値には，存在価値と遺産価値があります。これらも景観を例に説明すると，次のようになります。存在価値は景観を生み出す自然環境や歴史的環境が存在することによって得られる価値，また遺産価値はこれらの環境を将来世代も享受できることから得られる価値です。

これらの環境価値をお金で評価する手法は，**環境評価**と呼ばれています。図7.3のようにいくつかの手法があるのですが，それらは人びとの行動が反映さ

CHART 図 7.3　環境価値の種類と環境評価の手法

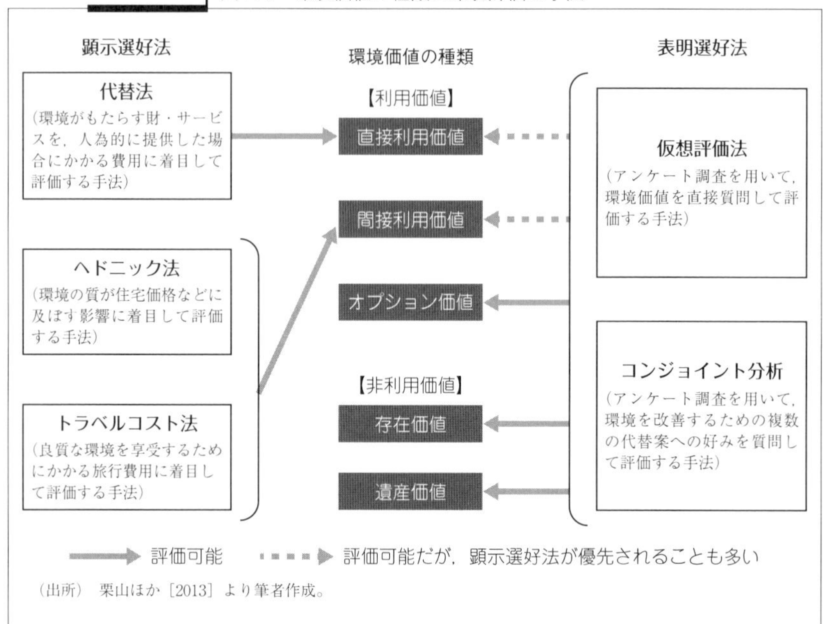

（出所）　栗山ほか［2013］より筆者作成。

れたデータに基づいて環境価値を評価する顕示選好法と，人びとの意見が反映されたアンケート調査に基づいて環境価値を評価する表明選好法とに分けられます。

このうち顕示選好法では，住宅価格や旅行費用など，環境を利用することにかかわるデータに基づいているので，利用価値を評価する場合には強みがあります。しかし，環境を利用しなくても得られる価値である，非利用価値を評価することができないという弱みもあります。その一方で，表明選好法では，アンケート調査に基づくために非利用価値も評価できるという強みがあります。けれども，調査の内容や調査する人の説明の仕方によって評価額が影響されるという弱みもあります。

環境評価は，景観まちづくりに対しても試みられています。たとえば，2008年に行われた京都市の景観まちづくりに関する環境評価（コンジョイント分析）によると，眺望に影響を及ぼす建物の高さや，街並みの統一感に関係するデザインなどを対象とした場合，高さについては約218億円，デザインについては約383億円，合計で約601億円にもなるとのことです。

確かに，これらの環境評価の手法を用いて，アメニティがもたらす価値をお金で評価することによって，景観まちづくりを例とするアメニティを保全するための取り組みを，経済的な側面から正当化することができます。しかし，アメニティがもたらす価値のすべてを評価できるわけではありません。とくに，先にも述べたようなストックとしてのアメニティは歴史性や，さらに地域独自の固有性を備えていることが多く，このことは環境価値の中でも非利用価値が大きな位置を占めることを示唆するものです。そして，このような非利用価値は，利用価値のように利用するという具体的な行動を通してそれらの価値を認識したり，また評価したりすることができません。

地域ブランドがつなぐ価値

以上のことを踏まえると，アメニティがもたらす価値の中には，環境評価で試みられてきたようなお金で評価できる価値（経済的価値）と，お金で評価することが難しい価値（非経済的価値）が並存していることになります。そのうえで重要なことは，経済的価値と非経済的価値をつなぎながら，生活の質を向上させることを含めた地域の発展や，そのためのまちづくりを行うことにあるのではないでしょうか。

このことを考えるうえで，近年におけるまちづくりの中でもとくに注目され，多くの地域で熱心に取り組まれている**地域ブランド**が参考になります。地域ブランドはブランドの1つですが，企業が提供している商品などのブランドとは異なる特徴もあります。このことについて，**図7.4**を用いながら説明していきます。

第1に，地域ブランドを生み出すものの1つは，地域に存在するヒト，モノ，カネなどの資源であることです。そして，これらの地域資源◎がもとになって財やサービスが提供されており，そこから「○○牛」や「××温泉」などの名で世に知られる地域ブランドが生み出されています。2006年から始まった地域団体商標制度は，こうした地域ブランドの取り組みを後押ししてきました。そして，このように地域資源をもとにして財やサービスが提供されることで，経済的価値が生み出されているのです。

CHART 図 7.4 地域ブランドの構図

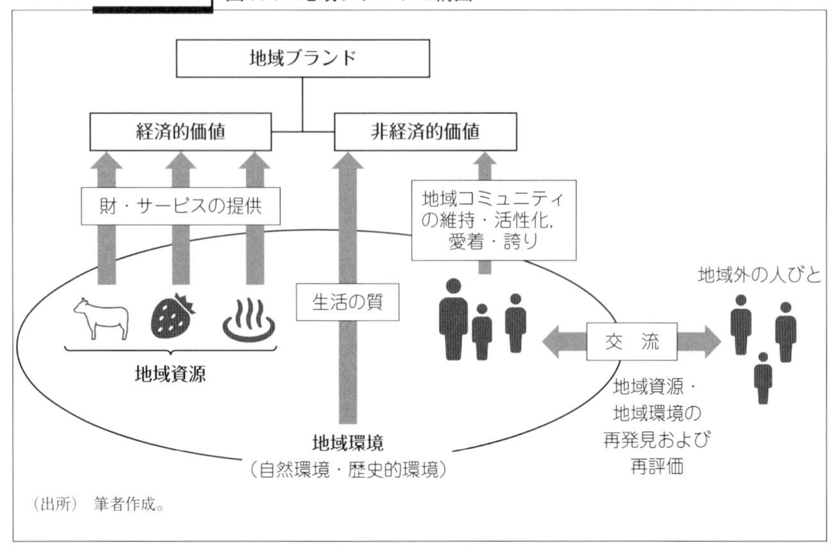

（出所） 筆者作成。

第2に，地域資源を育む地域環境がある場所も，地域ブランドを生み出していることです。京都や軽井沢を例として，地名が入った地域ブランドは多いのですが，これらの地名は場所を示すものです。この章で取り上げてきた景観を構成する地域環境も，そのような場所を特徴づけるものとしてとらえることができます。

ところで，地域環境が豊かである場所は，アメニティの考え方を踏まえると生活の質が高いと思われます。そして，生活の質を構成するものの中には，非経済的価値が多く含まれています。その生活の質を向上させるために，地域の人びとがまちづくりに積極的にかかわることによって，地域コミュニティが維持されることや活性化すること，さらにこれらの過程で生み出される地域に対する愛着や誇りも，非経済的価値に含まれます。

第3に，地域外の人びととの交流によって，地域資源や地域環境の再発見や再評価が起こる場合があることです。そのような交流の機会の1つとして，観光があります。第 2 節で紹介した景観まちづくりの事例は，いずれも観光とのかかわりが深いものばかりです。

良好な景観を求めてやってくる観光客は，地域に住んでいる人びとではありません。ですから，観光客との交流をきっかけに，それまで当たり前のものとして，興味や関心があまり持たれてこなかった地域資源や地域環境が再発見・再評価されて，地域ブランドが生み出されることが少なくありません。さらに，「黒壁」の事例で触れたように，地域の人びとが他の国や地域へ出向き，自らのまちについて外からの視点を得ることも大事なことです。

社会的価値の認識と学習の役割

経済的価値にせよ，非経済的価値にせよ，お金で評価できるかどうかの違いはありますが，これらはいずれも社会にとって大事な価値です。これらは合わせて，**社会的価値**と呼ぶことができます。

なぜ環境評価によって経済的価値をできるだけ把握しようとするのでしょうか。また，なぜ生活の質から非経済的価値の中身を具体的に考えようとするのでしょうか。いずれも，地域における社会的価値を認識するためであるといえます。そして，社会的価値の認識において欠かせないのが，学習です。「黒壁」を生み出した勉強会や飯田市における公民館も，地域における学習の機会や仕組みとしてとらえることができます。

それでは，なぜ学習の役割が重要なのでしょうか。それは，社会的価値を新たに認識したり，またこれまで持っていた認識を改めたりするには，学習によって得られる知識が大きな役割を果たすからです。知識が果たす役割については，これからの日本の社会や産業だけでなく，この章で取り上げてきたまちづくりにおいても注目されています。さらに，学習の役割は社会的価値の認識だけにとどまりません。これについて，第②節の最後に紹介した飯田市の公民館を例にあげて紹介します。

第1に，まちづくりを担う人づくりにおける役割があります。飯田市の公民館においても，最初のかかわり方は積極的ではなかった人たちが多いのです。しかし，公民館で行われる学習や事業を経験していく中で，まちづくりのおもしろさや楽しさに気づき，やがて積極的にかかわる人たちが出てきているのです。

第2に，組織づくりにおける役割があります。公民館での経験を踏まえて，担い手としてかかわるだけでなく，まちづくりを実践するための組織を自分たちで立ち上げることも珍しくはないのです。そして第3に，ネットワークづくりにおける役割があります。公民館での活動で培った人脈を活かして，ともにまちづくりのために汗をかき，喜怒哀楽を共有できる仲間を増やしてきたことが注目されます。

以上のことから，学習はまちづくりにおける新たな関係性をつくったり，またこれまでの関係性を変化させたりするうえでも重要な役割を果たしていることがわかります。そして，これらの関係性は社会関係資本（ソーシャル・キャピタル）◎として，近年注目されてきました。これについては，第**9**章のインフラのところでも出てきますので，要チェックです。

THINK

① フロー（所得）を増加させることと，ストック（アメニティ）を維持することを両立させるためにはどうすればよいのか，あなたが関心のある景観まちづくりの事例から考えてみよう。

② あなたが関心のある事例をもとに，地域ブランドによって生み出されている経済的価値や非経済的価値にはどのようなものがあるのか，さらにこれらの価値の結びつきについて考えてみよう。

③ あなたが関心のあるまちづくりの中で，学習の仕組みがどのように設けられているのか，またそのような学習がもたらしているまちづくりへの影響について考えてみよう。

さらに学びたい人のために **Bookguide**

田村明［1987］『まちづくりの発想』岩波書店（岩波新書）

→民間企業，公務員，そして研究者と，1人でさまざまな立場からまちづくりにかかわってきた，まちづくりの先駆者による1冊。同じ岩波新書から出ている続編も，ぜひ読んでほしい。

石原武政・西村幸夫編［2010］『まちづくりを学ぶ──地域再生の見取り図』有斐閣

→まちづくりは，さまざまな分野がかかわる学際的なテーマですが，それらのテーマをバランスよく盛り込んだ，定番のテキストとして。
西村幸夫・埒正浩編著〔2007〕『証言・町並み保存』学芸出版社
→有名なまちづくりの影には，キーパーソンが必ずいます。それらのキーパーソンらによる，まちづくりの証言集として貴重な1冊。

CHAPTER

第8章

グローバルとローカルをつなぐ

地域からの持続可能な発展

ドイツ・ボンで行われた国連気候変動枠組み条約第23回締約国会議(COP23)。この会議で取り上げられた地球の「大問題」は，地域にも深く関係しています。

KEY WORDS

- □ 気候変動
- □ 緩和策
- □ 適応策
- □ キャップ・アンド・トレード
- □ 都市鉱山
- □ 持続可能な発展
- □ 弱い持続可能性
- □ 強い持続可能性
- □ 包括的富
- □ 環境政策統合
- □ ポリシー・ミックス
- □ インフォーマル経済

1 テーマと出合う

▶"Think globally, Act locally"

高いビルからの見晴らしは，やっぱり最高だなあ。それに，ここは屋上だけど緑がいっぱいで，日頃の疲れも癒されそうだよ。

おやおや。ゲンバくんは疲れるほど，日頃から "Study hard" なのかな？

先生，なんで勉強のところだけ英語なんですか？　ぽっぽー先生の授業を聞いて，チイキさんたちといろんな現場へ出向いて，自分なりに興味や関心も芽生えてきているんですよ！

やっと芽生えてきたんだね〜。ところで，こういう屋上緑化は，地球温暖化を抑えるためにも進められているんだよ。

そんな「地球」がくっついているような大きな問題に，身近な「地域」からいったい何ができるのかなあ？

あらら，芽生えてきたものが，さっそくしぼみつつあるような……。

じつは，地球温暖化については，小さな島国だけでなく，大都市への影響も心配されているけど，なぜだろうね？

う～ん，なぜでしょうかね？

たとえば，東京などの多くの大都市の近くには，何があるかな？

あっ，海ですよね！　そうか!!　地球温暖化で海面の水位が上がるから，海の近くにある大都市でもいろんな被害が起こりやすくなるというわけかぁ。

そうならないために，交通や建物で使うエネルギーを抑えることも重要だね。大都市では車も多いし，ビルもたくさんあるから。

このビルのように屋上緑化を進めたり，このビルへ来るまでに車じゃなくてバスなどの公共交通を使ったりすることも，地域からできることだね。

その通り！　大事なことは，地球温暖化にしっかりと向き合い，考え，そして地域という身近なところから“Action”を起こすことだよ。

それ，“Think globally, Act locally”って言うんですよね！

あらら，みなさん英語がお上手ですね……。

POINT

■ ビルの屋上緑化は，人びとの癒しになっているだけでなく，地球温暖化対策としても行われています。

■ 地球温暖化については，海に近い大都市への影響も心配されています。それらの大都市では，温暖化対策として交通や建物で使うエネルギーを抑えることも欠かせません。

■ 地球温暖化を防ぐためにも，このように地域からアクションを起こしていくことが大事です。

テーマを理解する

地球と地域との接点を探る

気候変動の問題化

地球温暖化とは，二酸化炭素（CO_2）を中心とした温室効果ガスの大気中の濃度が増えることで地球全体で気温の上昇が起こり，それによって海面の水位が上昇したり，降水量が変化したり，さらには生態系に影響を及ぼしたりする現象のことです。そして，これらの変化が，数多くの自然災害を引き起こし，人間の生存や健康，産業，およびインフラなどに被害をもたらすことで，私たちの社会にとって無視できない地球環境問題となってきました。また，地球温暖化が砂漠化の進展や，熱帯雨林などに生息する希少な野生生物の種の減少など，他の地球環境問題をより深刻にさせてきたことも，見過ごせません。

このように書くと，地球温暖化ははじめから重大な地球環境問題として認識されてきたように思うかもしれません。しかし，温室効果ガスを生み出す化石燃料に依存した経済成長という，これまでの人間の活動に由来して地球温暖化が起こること，そしてそれが私たちの社会の将来において，大きな被害をもたらす可能性が高いことが認識されるまでには，時間がかかりました。その中で大きな役割を果たしたのが，「気候変動に関する政府間パネル」（Intergovernmental Panel on Climate Change：IPCC）です。

IPCC は，世界各国の政府から推薦された科学者によってつくられた組織で，地球温暖化に関する科学的な分析や社会経済への影響の評価だけでなく，地球

CHART 表 8.1 IPCC 評価報告書における人間の活動と地球温暖化との関係

第 1 次報告書	1990 年	「気温上昇を生じさせるだろう」 人為起源の温室効果ガスは気候変動を生じさせる恐れがある。
第 2 次報告書	1995 年	「影響が全地球の気候に表れている」 識別可能な人為的影響が全地球の気候に表れている。
第 3 次報告書	2001 年	「可能性が高い」(66% 以上) 過去 50 年に観測された温暖化の大部分は，温室効果ガスの濃度の増加によるものだった可能性が高い。
第 4 次報告書	2007 年	「可能性が非常に高い」(90% 以上) 温暖化には疑う余地がない。20 世紀半ば以降の温暖化のほとんどは，人為起源の温室効果ガスの増加による可能性が非常に高い。
第 5 次報告書	2013 年	「可能性がきわめて高い」(95% 以上) 温暖化には疑う余地がない。20 世紀半ば以降の温暖化のおもな要因は，人間活動の可能性がきわめて高い。

(出所) 全国地球温暖化防止活動推進センター［2013］より筆者作成。

温暖化を抑えるための対策も含めた評価報告書を公表してきました。**表 8.1** には，これまでの報告書のうち，人間の活動と地球温暖化との関係に関する表現をまとめています。これらを見ると，報告書を出すたびごとに，人間の活動が地球温暖化をもたらす可能性が，だんだんと高まってきたことがわかります。

なお，IPCC の名称が示しているように，最近では地球温暖化よりも，**気候変動**という言葉がより多く使われています。おおよそ同じ意味ですので，本章でもここからは気候変動という言葉を使うことにします。

2℃ 目標と 2 つの対策

それでは，人間の活動による気候変動は，どの程度にまで抑えればよいのでしょうか。これについて，2007 年に公表された第 4 次報告書では，産業革命前からの気温上昇を 2℃ までにとどめることを求めています。この 2℃ 目標は，気候変動枠組み条約の加盟国などによる 2009 年のコペンハーゲン合意や，さらには現時点の気候変動対策において最も重要な国際的な枠組みである，2015 年のパリ協定でも取り入れられています。

ところで，2℃ 目標の達成はどれくらい難しいものなのでしょうか。最新の

CHART 図 8.1 緩和策と適応策

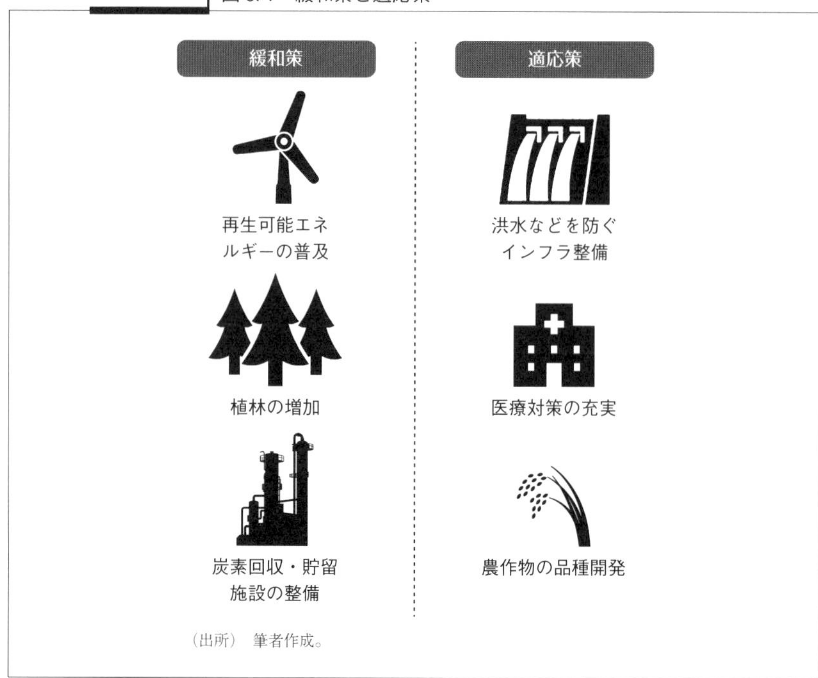

（出所） 筆者作成。

第 5 次報告書では，1880 年から 2012 年にかけての気温上昇が世界平均で 0.85℃ であるとされています。なんだ，まだ半分以上上昇の余地があるじゃない，と思うかもしれません。しかし，同じ報告書では 2℃ 目標を達成するためには，2010 年と比べて温室効果ガスの排出量を 2050 年には 40〜70% 削減させ，さらに 2100 年にはほぼゼロまたはマイナスにする必要があるとしています。中長期にわたる気候変動対策は，世界中でもう待ったなしの状況なのです。

その対策としては，どのようなものがあるのでしょうか。まず，気候変動をもたらす温室効果ガスの排出を減らしたり，温室効果ガスの吸収源を増やしたりする対策があります。これらを**緩和策**といいます。緩和策の例としては，**図 8.1**（左側）に示しているものがあります。このうち，第 **6** 章で取り上げた再生可能エネルギーの普及は温室効果ガスの排出を減らすもの，また植林の増加や CO_2 を回収・貯留するための施設の整備は，温室効果ガスの吸収源を増やすものです。

しかし，これらの緩和策によって温室効果ガスを減らしても，その効果が及ぶまでには一定の時間がかかります。そこで，気候変動に適応できるために備えたり，気候変動をむしろ積極的に利用したりする対策も必要になります。これらを**適応策**といいます。適応策の例としては，**図 8.1**（右側）に示しているものがあります。このうち，洪水や渇水を防ぐためのインフラ整備や，熱中症や感染症に関する医療対策の充実は気候変動に適応できるための備えに，また農作物の新たな品種開発は気候変動を積極的に利用する対策になります。

世界の主要都市における気候変動対策の特徴

気候変動については，人口が集中し，社会経済活動が活発である都市に対しても，深刻な被害が及ぶことが懸念されています。

たとえば，世界の主要都市の多くが海の近くにあり，気候変動による海面水位の上昇の影響を受けやすいこと，これまでの開発によって緑地が失われてきた一方で，コンクリートやアスファルトに覆われてきた結果として，都市ではその周辺よりも気温が上昇しやすいこと，さらに気候変動でより頻繁に起こるようになる豪雨や浸水などによって，都市を構成している重要なインフラ◎が破壊されたり，また機能停止に追い込まれたりすることなどがあげられます。これらはいずれも，気候変動に対して都市が脆弱であることを意味しています。これに対して，都市ではどのような対策がとられてきたのでしょうか。ここでは，先に紹介した緩和策と適応策に分けて，世界の主要都市における気候変動対策の特徴を見ていきます。

表 8.2 からは，まず 2005 年に京都議定書が発効した後から，緩和策と適応策がともにぐっと増えたことがわかります。また，これまでのところは，適応策よりも緩和策のほうが多いこともわかります。緩和策は気候変動対策として人びとに認識されやすい一方で，適応策は気候変動以外の対策と区別するのが難しいことが，このような差をもたらしてきたといえます。

次に，緩和策の中での特徴は何でしょうか。緩和策として多く取り組まれているものには，都市インフラと建造環境があげられます。このうち，都市インフラとは再生可能エネルギー施設を導入したり，省エネルギー化が進んだインフラを新たに整備したりすることです。建造環境は少しわかりにくい言葉です

CHART 表 8.2 主要都市における気候変動対策の種類と実施状況

対策の種類		開始時期			対象国別		合計
		京都議定書採択前	京都議定書発効前	京都議定書発効後	先進国の都市	途上国の都市	
緩和策	建造環境（既存建物の省エネ化）	8	33	114	96	59	155
	炭素隔離（炭素回収・貯留施設の導入）	2	3	30	11	24	35
	運　輸（公共交通）	6	18	94	59	59	118
	都市形態（都市計画）	5	8	29	26	16	42
	都市インフラ（再エネ施設の導入）	8	30	163	96	105	201
適応策		4	7	65	40	36	76
合　計		33	99	495	328	299	627

（注） 複数回答があるため，回答都市数とは一致しない。なお，緩和策のカッコ内は本文中で記しているそれぞれの緩和策の例である。
（出所） Broto and Bulkeley［2013］より筆者作成。

が，ここでは都市に数多く存在している既存の建物の省エネルギー化を進めることなどを指します。公共交通の整備などの運輸も，積極的に取り組まれています。

他方で，都市形態と炭素隔離はあまり多くはありません。このうち都市形態には，都市の無秩序な拡大を防ぐことを目的とした，都市計画に関係する取り組みが多く含まれます。都市における開発や保全のあらゆることにかかわるのが都市計画なのですが，このような性質があるために，気候変動対策という個別のテーマを取り入れることが難しいようです。また，炭素隔離は，緩和策のうち CO_2 の吸収源を増やす対策がここに含まれますが，技術的なハードルが高いこともあって，今のところはあまり多くありません。

最後に，これらの対策を先進国の都市と途上国の都市とで比較してみましょう。先進国の都市では都市インフラと建造環境が同じ数で取り組まれている一方，途上国の都市では都市インフラが突出して多いことがわかります。これは，途上国の都市では収益のあがる投資先として，気候変動対策にもつながる都市インフラが注目されてきたことを意味します。

東京都による地域版キャップ・アンド・トレードへの挑戦

気候変動対策では，環境政策のうち政策手段についても注目すべき動きが見られます。それは，環境税や排出量取引といった間接的手段が積極的に活用されていることです。このうち排出量取引の基本は，対象となる排出者に対して，CO_2 を例とした温室効果ガスについて排出できる量（キャップ）を決めたうえで，このキャップと実際の排出量との間に生じる凸凹を埋めるための市場を設けて取引（トレード）を行うことです。このような排出量取引の形式を，**キャップ・アンド・トレード**と呼びます。

じつは，地方自治体単独でキャップ・アンド・トレードを世界で最初に導入したのが，東京都でした。以下では，その仕組みづくりに深くかかわった大野輝之による説明をもとに，おもな特徴について述べます。

1つめは，キャップ・アンド・トレードを導入するまでには，まさに試行錯誤のプロセスがあったことです。東京都は，まず2000年に地球温暖化対策計画書制度を導入し，排出量が多い大規模事業所に対して排出量の報告を義務づけるとともに，自主的な目標を設定することも求めました。

その結果を踏まえて，東京都は大規模事業所に対して排出削減を義務化しようとしましたが，経済団体からの反発が強くて実現できませんでした。そこで，事業所による自主的取り組みを東京都が評価し，公表することを2005年から行いました。しかし，報告を通した情報収集やそれに基づいた分析と評価を踏まえると，自主的取り組みでは大幅な削減は難しいことが認識されるようになり，排出削減の義務をともなうキャップ・アンド・トレードを2010年から導入したのです。

2つめは，東京都独自のキャップ・アンド・トレードを導入したことです。東京都は，EUやアメリカのいくつかの州において先に行われていた排出量取引の仕組みに学びながらも，独自のキャップ・アンド・トレードを導入しました。具体的には，対策の選択肢を増やすために，5年間という長い期間で削減義務を守らせるようにしたこと。同じ産業・業務部門に限って，対象となる大規模事業所（前年度の燃料，熱，および電気の使用量が，原油換算で年間1500キロリットル以上の事業所）以外で削減した実績についても認められるという，オフセット・クレジットを一定の制限をつけながらも取り入れたこと。しかしそれでも，自らの事業所の削減を優先して行うように，義務づけられた以上に削減した余剰分のみを取引の対象としたことです。

3つめは，以上のようなプロセスの中で，気候変動対策を進めるための組織づくりを進めてきたことです。2000年に地球温暖化対策計画書制度が導入されたときには，担当者は実質的に1名だったそうです。その後，2003年には気候変動対策を専門的に扱う組織として，都市地球環境部（現地球環境エネルギー部）が設けられました。また2007年1月には，副知事をトップに据えた連絡組織を設けて，東京都の組織全体として気候変動対策を強化するようになったのです。

東京オリンピックのメダルはリサイクルで

この東京都をおもな開催地として，2020年に東京オリンピックが開催されます。東京らしさ，そして日本らしさをアピールするために，準備にあたってはさまざまな取り組みが行われています。その1つが，オリンピックのメダルです。

東京オリンピックで授与される，金・銀・銅の約5000個のメダルについて，携帯電話，スマートフォン，タブレット，パソコン，およびデジタルカメラなどの小型家電製品に含まれる貴金属をリサイクルしてつくることが試みられています。ところで，このような携帯電話やスマートフォンなどが多く集まるのは，人口の多い都市です。都市でこれらの機器を回収して貴金属をリサイクルする様子は，まるで都市に鉱山があるかのようです。そこで，これらの機器に含まれる貴金属を**都市鉱山**と呼んでいます。

このように，都市鉱山からつくるメダルであることが，東京オリンピックのアピール・ポイントの1つになっているのです。そして，そのようなアピールができるのも，日本におけるリサイクルの技術とそれを後押ししてきた，家電リサイクル法などの仕組みがあるからです。

CHART 図 8.2 廃プラスチックにおける純輸出入量の変化

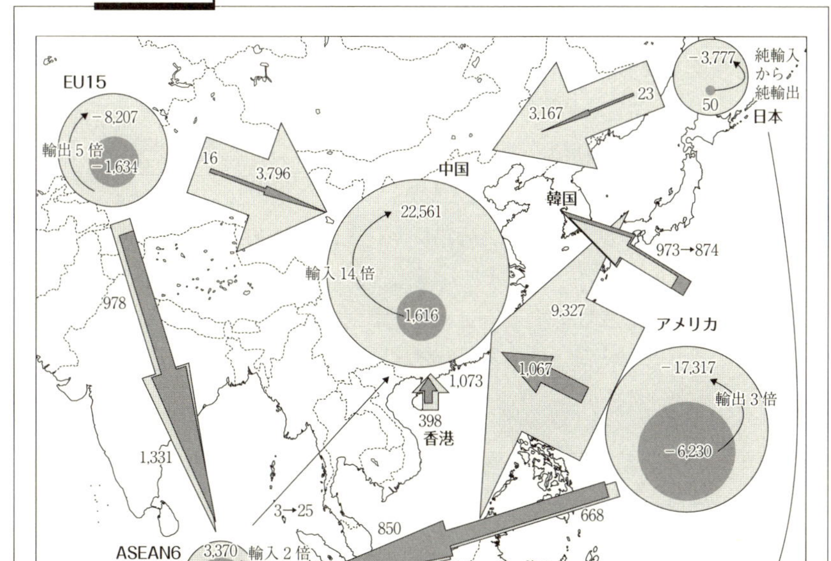

（注） 単位は 1000 トン。濃い網掛けが 1997 年，薄い網掛けが 2007 年。円と矢印の数値は輸入から輸出を差し引いたもの（正の値は純輸入，負の値は純輸出）。また，ASEAN6 とはインドネシア，シンガポール，タイ，マレーシア，フィリピン，ベトナムのこと。

（出所） 道田［2010］30 頁の図 2 より一部修正。

国境を越えるリサイクル資源

第 **3** 章では廃棄物を取り上げましたが，そこではこれらの廃棄物をバッズと呼び，市場で価格がつけられて取引されている商品であるグッズとの違いを説明しました。ところで，リサイクルについてはおもしろい動きがあります。それは，日本ではバッズとして処理されている廃棄物でも，外国ではそれらに対して需要があることによって，グッズとしてプラスの価格をつけられて，市場で取引されているものがあることです。

じつは，このような動きは日本だけに限りません。図 8.2 は廃プラスチックを例にとって，その輸出入の状況を1997年と2007年とで比較したものです。これを見ると，日本，アメリカ，そしてEUのような先進国では輸出が増えている一方で，アジア諸国では輸入が増えていることがわかります。とくに，経済規模が大きく，また経済成長も続いている中国における輸入規模は，この期間だけでも14倍にまで膨れ上がりました。

そうなると，リサイクル資源の輸出入をどんどん進めていけばいいのではないかと思ってしまいます。しかし，そう簡単ではないのが廃棄物の世界です。たとえば，廃プラスチックなどのリサイクル資源を大量に輸入してきた中国は，リサイクル過程における環境汚染対策が不十分であることなどを理由として，2017年7月からリサイクル資源の輸入規制を強化する方針をとりました。このことで，中国に多くのリサイクル資源を輸出してきた国は，リサイクル資源の需要先の確保に頭を悩ませています。

また，廃棄物の中には，私たちの生活にとって不可欠な存在である冷蔵庫，テレビ，およびパソコンなどの電気電子機器廃棄物（E-waste）を例として，資源として高く売れるものだけでなく，有害物質も含んでいる場合があります。新興国や途上国の多くでは，技術や人材が不足していたり，あるいは仕組みに不備や不十分さがあったりして，それらの有害物質が適正に処理されずに，土壌汚染や大気汚染などの環境問題を引き起こしてきました。

このような有害廃棄物の越境移動も地球環境問題の1つなのですが，これを取り締まっている国際条約が1992年に発効したバーゼル条約です。しかし，このバーゼル条約も完璧なものではなく，「抜け道」を利用した有害廃棄物の越境移動が続いてきました。

中国の都市におけるリサイクルの実際

ここでは，リサイクル資源を大量に輸入してきた国である中国の都市における，リサイクルの実際を見てみます。

今のような高度経済成長が続く前の中国では，ごみでもまだ使えるものは回収し，リユースやリサイクルをする仕組みが整っていました。当時は計画経済のもとで，ごみの回収においても政府が主導し，また多くの国営企業が携わっていました。ところが，市場経済化を進めるための改革開放政策によって政府のかかわりが薄らぐ中で，回収業において民間が多く参入することになりました。そして，これらの民間には企業だけでなく，農村からの出稼ぎ労働者やホームレスなどの個人の回収人が，大きな役割を果たすようになりました。

これらの回収人は，三輪自転車を使って都市の住宅街の隅々にまで入り込み，住民たちの要望にきめ細かく応じながら，リサイクル資源となるごみを回収してきました。その点では，中国の都市におけるリサイクルでは不可欠な存在であったといえます。しかし，他方で問題も抱えてきました。回収されたごみのうち，リサイクルや処理を担う業者に引き渡された後で，環境汚染をともなう形で解体や廃棄がなされるものが，少なくなかったのです。

このような問題に対して，中国の政府は天津市における子牙（ツーヤー）循環経済産業区のように，第**3**章でも触れた日本のエコタウン事業などをモデルにしながら，特定の地域にリサイクル施設を集約させるためのインフラ整備を進めてきました。さらに，それらの施設へ大量にかつ円滑にリサイクル資源となるごみを運ぶために，回収ステーションの仕組みを導入しました。そのうえで，回収ステーションにごみを搬入できる回収人を許可制にしたのです。

しかし，このような仕組みは一定の成果をあげながらも，大きな課題を抱えています。回収ステーションに集まるごみの量が，当初の想定よりも少ないままなのです。この理由としては，回収ステーションの仕組みを機能させるための組織づくりや人材づくりなどの問題もありますが，都市と農村との間で張りめぐらされてきた回収ルートの中で，許可制によって排除されたはずの個人の回収人が，依然として大きな役割を果たしていることも無視できません。

WORK

① あなたが関心のある国（もしくは都市）を取り上げて，気候変動対策における緩和策と適応策をそれぞれ調べてみよう。

② 東京都が実施している地域版キャップ・アンド・トレードのように，地域で試みられている排出量取引について調べてみよう。

③ 中国以外の新興国や途上国の都市における，ごみ処理やリサイクルの現状と課題について調べてみよう。

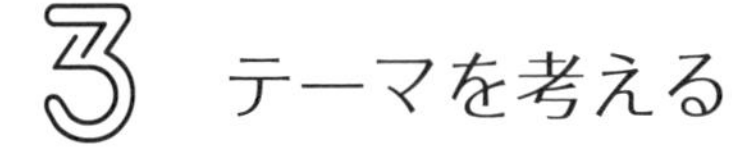

3 テーマを考える

持続可能な発展の経済学

持続可能な発展とは何か

第**1**章で，環境政策のうち政策目的については，**持続可能な発展**が近年，注目を集めていることを述べました。持続可能な発展は，日本が提案して1984年に設置された，国際連合（国連）の「環境と開発に関する世界委員会」（ブルントラント委員会）がまとめた報告書に含まれ，そして1992年にリオ・デ・ジャネイロで開催された「環境と開発に関する国連会議」（地球サミット）で，一躍注目を集めました。

ブルントラント委員会の報告書では，持続可能な発展を「将来世代が自らのニーズを満たす能力を損なうことなく，現在世代のニーズを満たす発展」として定義しています。このように「あいまいな定義」なのですが，人類がめざすべき方向性に対していろいろな意味合いが含まれていることから，持続可能な発展という考え方は注目を集めてきました。ここでは，その中で重要なことを2つ指摘しておきます。

その1つは，持続可能な「成長」ではなく，「発展」であるということです。たとえば，経済成長については，人口1人当たりの国内総生産（GDP）を増やすことなどを例として，何らかの数字で示すことができます。しかし，発展については，このような人間の経済活動だけでなく，人間の生存にかかわる衛生および健康の状態や，人間の発達にかかわる教育など，より複雑になり，さらに数字で示すことが難しいものも含まれます。

このことが政策目的◎に対して与えた影響は，次のようなものでした。これまでの環境政策では，環境と経済の対立にせよ，またこれらの両立にせよ，環境と経済との関係が政策目的の中心にありました。第**1**章で説明した，最適汚染水準◎もそうでした。これに対して持続可能な発展では，上で述べたような健康や教育などといった，社会のありようにもかかわる論点が含まれています。

よって，政策目的は環境の持続可能性，経済の持続可能性，そして社会の持続可能性，これら3つを両立させることへと広がっています。

もう1つは，現在世代だけでなく将来世代を含めて考えることです。これまでの環境政策で掲げられてきた政策目的の多くは，何らかの形で環境問題にかかわる現在世代がおもな対象でした。たとえば，公害であればそれにかかわる加害者と被害者が対象でしたが，いずれもその多くは現在世代でした。

これに対して持続可能な発展では，現在の大人たちが，将来を担う自分たちの子どもや孫たちの世代のこと，または将来において守るべき自然やそれによって育まれている生物，さらには歴史的な建造物のことも考えて，政策目的を設けることが求められます。このことは，現在世代の中での公平性だけでなく，現在世代と将来世代との間での公平性，つまり世代間公平性も重要になることを意味します。

2つの持続可能性

この持続可能な発展の考え方を，経済学も積極的に取り入れてきました。ここでは，2つの持続可能性について紹介します。

2つの持続可能性とは，**弱い持続可能性**と**強い持続可能性**です。いずれも，ストックとしての資本に着目することは共通しています。ストック◎については，すでに**第7章**で取り上げましたが，ここでもう一度復習しておきます。所得を例としたフローは，ある一定の期間に起こる変化をとらえる考え方でした。これに対して，貯蓄を例としたストックはある一時点における状況をとらえる考え方でした。ストックとしての資本は，後者にあたります。

そのようなストックのなかで，2つの持続可能性では自然資本と人工資本に着目します。このうち自然資本とは自然を構成し，また自然の中に蓄積されてきた大気，森林，河川，石油，鉱物などです。他方で，人工資本とは人間が社会の中で蓄積してきた道路などのインフラ◎，住宅，工場，通信網などです。それらの物質的な資本に対して，知識や技能，これらを発展させてきた教育，および健康などの非物質的な資本として人的資本もありますが，ここで説明する2つの持続可能性の考え方では，さしあたり人工資本の中に含めることにします。

CHART 図 8.3 弱い持続可能性と強い持続可能性

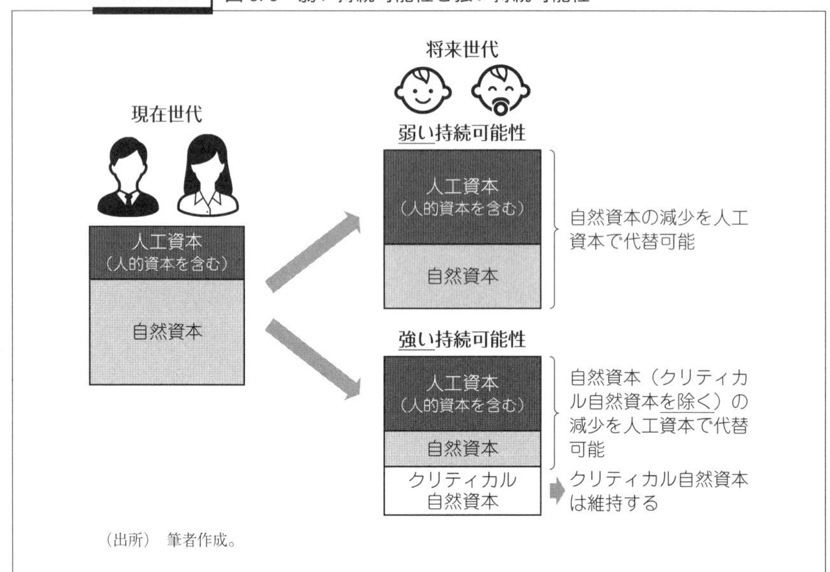

（出所） 筆者作成。

そして，このように自然資本と人工資本をとらえることで，経済のみを対象とした成長ではない，発展のありようをつかもうとします。さらに，これらの資本について，現在世代の時点における状況と，将来世代の時点における状況とを比較します。つまり，ストックとしての資本について，世代間公平性が満たされているのかを見るのです。

さて，2つの持続可能性の違いは何でしょうか。それは，「自然資本はどこまで人工資本によって代替できるのか？」ということです。図 8.3 には，その違いを示しています。

このうち弱い持続可能性の考え方では，少なくなった自然資本を人工資本で代替できることに注目します。たとえば，現在世代において石油が少なくなっていくと，これまでよりも石油を使わなくてすむ製品がつくられたり，石油の代わりとなる資源を見つけるための研究開発が行われたりする。これらのことで，石油が今以上に少なくなっても，将来世代の豊かさには影響を与えないと，弱い持続可能性では考えます。したがって，弱い持続可能性を実現するには，自然資本に代替できる人工資本への投資，具体的には技術革新や研究開発への積極的な投資や，それらを促すための経済的手段が必要になります。

これに対して強い持続可能性の考え方では，人工資本では代替できない自然資本もあることに注目します。たとえば，絶滅危惧種として指定されている生物種を失ったり，また第2節で取り上げた気候変動対策における2℃目標を超えたりしてしまうと，人工資本をいくら蓄積しても，失った自然資本を元に戻すことは難しいのです。このような，人工資本によって代替することが難しい自然資本のことを，クリティカル自然資本と呼びます。よって，強い持続可能性を実現するには，このような自然資本の消失を食いとどめるために，予防原則◎に基づいた直接規制などが必要になります。

包括的富とは何か

このうち，弱い持続可能性については数字で把握するための指標づくりが試みられてきました。それは**包括的富**と呼ばれています。

これまで豊かさを測る経済指標としては，GDPがよく使われてきました。しかし，持続可能性の考え方を踏まえると，この指標には次のような欠点があります。

その1つは，1年間において新たに生み出された付加価値の総額という，フローのみを対象にしていることです。このことは，それらのフローを生み出している，ストックは対象にしてこなかったことを意味します。もう1つは，ストックを構成する自然資本，人工資本，および人的資本は使われることによって減るのですが，これらの分（減耗分）も考慮されないことです。

包括的富は，以上のようなGDPが抱えてきた欠点を補うとともに，ストックとしての資本について人工資本や人的資本だけでなく，自然資本も含めた形でより包括的にとらえる新たな経済指標として，近年注目を集めています。国連の関連機関も協力して，この包括的富に関する報告書を公表してきました。

さて，包括的富はどのように測られているのでしょうか。包括的富は，以上のそれぞれの資本について，存在しているストック量にシャドウ・プライスをかけ合わせたもので測られます。このうち，シャドウ・プライスについては，資本が追加的に1単位増えたときの社会的価値◎のことであり，それは現代世代の豊かさに影響を及ぼす経済的価値である，市場で示される価格とは必ずしも一致しません。

包括的富を比較する

それでは，日本の包括的富はどうなっているのでしょうか。まず，他国と比べた日本の特徴を見ていきます。

包括的富に関する報告書の最新版は2018年のものですが，ここでは2014年のものを用います。それによると，2010年時点において日本は人工資本で世界第2位（約2279兆円），人的資本も第2位（約3710兆円）でした。しかし，自然資本については第29位（約3803億円）と低い位置にとどまりました。自然資本の上位にはロシア，アメリカ，および中国といった国土面積が広く，そのうえで自然資本を構成する森林や鉱物なども豊富にある国が位置しています。

次に，これらの資本の成長率を見てみましょう。そこでは，違った様子が見えてきます。1990年から2010年までを対象とした成長率では，人工資本は第72位（1.96%），人的資本は第124位（0.37%），そして自然資本は第26位（−0.43%）でした。人工資本や人的資本は大幅に順位を下げ，また自然資本については成長率がマイナスになっています。

このことをより詳しく見るために，今度は日本における都道府県単位で比較してみます。**図8.4**には，2010年時点での包括的富が大きい順番に都道府県を並べています。これを見ると，大都市を抱える都道府県が上位にあることがわかります。大都市では人口が多く，社会経済活動も活発なことから，人工資本や人的資本が多く蓄積されているので，包括的富が大きくなる傾向があります。そこで，人口規模の違いや，それを反映した資本の総量の違いをできるだけ取り除くために，1人当たりの成長率で見てみましょう。

ここでは，2つの特徴が見られます。その1つは，地方に位置している道府県の多くは，包括的富は小さくても，1人当たりの成長率は高いことです。もう1つは，しかしながら全体的な傾向として，ここでも成長率の低下が見られることです。1990年から2000年はすべての都道府県で，1人当たりの包括的富の成長率はプラスでした。ところが，2000年から2010年にかけてはいくつかの都道府県を例外として，マイナスへと変化しています。

以上のように，国レベルにおいても，また都道府県という地域レベルにおいても，日本における包括的富は，とくにその成長率において近年低迷していま

CHART 図 8.4 都道府県別の包括的富に関する試算

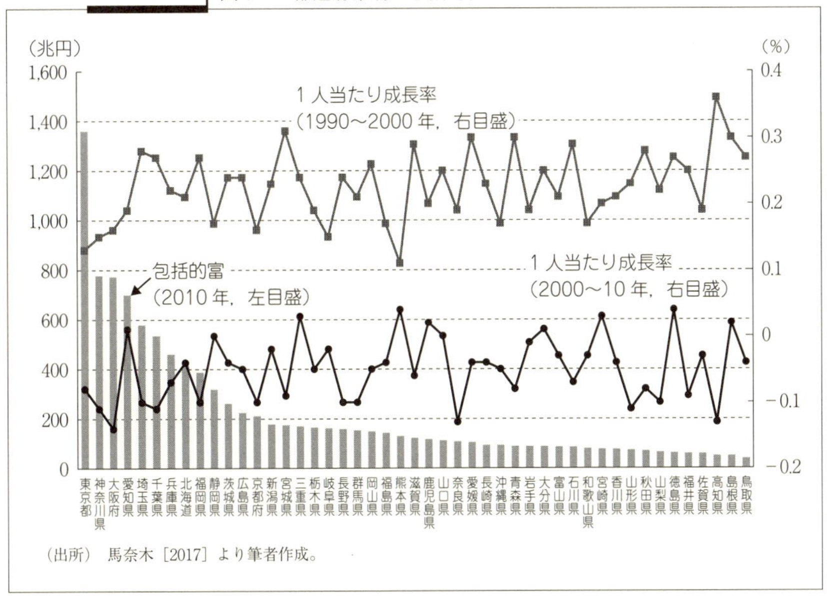

(出所) 馬奈木［2017］より筆者作成。

す。人口減少が進むことが予想されている日本において，包括的富を増やしていくためには，どのような資本にどれだけ投資をすればよいのかが，今問われているのです。そしてこの問いは，第**9**章で取り上げるインフラとも深く関係します。

持続可能な発展へ向けた環境政策統合

持続可能な発展が環境政策にもたらしたインパクトは，政策目的にとどまりません。持続可能な発展を実現するためには，環境政策だけでなく，それと環境保全にもかかわる他の公共政策とをつなげる，**環境政策統合**が求められます。

環境政策統合は，EU が推し進めてきたこともあり，ヨーロッパ諸国で積極的に試みられてきました。その背景には，起こった環境問題を環境政策だけで解決することよりも，むしろ環境問題をそもそも起こさないように，他の公共政策も変えていくという考え方があります。このような環境政策統合を実現するための手段に注目すると，次のような３つの側面があります。

第１に，環境政策統合へ向けた認識を促すために，持続可能な発展を実現するためのビジョン◎や戦略を共有したり，またそのために必要な情報や知識を生み出したりするためのコミュニケーション手段があります。ここには，持続可能な発展に関する戦略や環境計画，さらには環境権の規定などが含まれます。

第2に，環境政策統合を実現するための組織づくりに関係する，組織的手段があります。たとえば，日本の環境省などの環境政策の担当部門が，それ以外の公共政策の担当部門による意思決定に対して，それまでよりも影響を及ぼすことができるように，組織を改革することなどがあげられます。しかし実際の事例は，このような改革よりも緩やかなものです。たとえば，ヨーロッパ諸国の事例では，省庁再編を通して環境政策の担当部門をそれ以外の公共政策の担当部門と統合させたり，後者の部門に環境政策の担当者を配置したりすることが多いのです。さらに第２節で述べた，東京都における気候変動対策の組織づくりも，その一例です。

第3に，環境政策統合のための政策形成を促す手続的手段があります。このうち，次の第**9**章でも触れる戦略的環境アセスメントについては，日本をはじめとした先進国の多くで導入が進められてきました。他方で，予算編成過程において詳細な環境評価を行う，いわゆる「緑の予算」を導入している国は，現在のところはまだかなり限られています。

環境政策統合については国レベルだけでなく，地域レベルにおいても積極的な取り組みが見られます。地球サミットで採択された，持続可能な発展へ向けた行動計画であるアジェンダ21に基づいて作成されてきた，ローカルアジェンダ21の存在が大きいでしょう。また，近年においては，気候変動対策において環境政策統合が進められていることも注目されます。その背景には，気候変動対策がエネルギー政策，交通政策，商業政策など，いくつもの公共政策にまたがることがあります。

なぜポリシー・ミックスが起こるのか

第**1**章で取り上げた環境政策のうち，政策手段◎についてはそれぞれを単独で用いるよりも，むしろ政策目的をよりよく実現するために，いくつかの政策手段を組み合わせるという，**ポリシー・ミックス**が重要になってきています。そこには，環境の持続可能性だけでなく，経済の持続可能性や社会の持続可能性のことも踏まえられてきた姿が見てとれます。

政策手段のうち，従来は直接的手段，とくに直接規制がその中心にありました。直接規制は，環境問題を引き起こす者に直接働きかけるものなので，問題の解決につながりやすく，その意味で効果的な手段です。また，一口に直接規制といってもいろいろなタイプがあります。たとえば，自動車排ガス規制のように技術革新を促すやり方もあり，また第 **3** 章でも取り上げた拡大生産者責任◎は，ごみになりにくい製品の設計を促す新たな規制手段として注目されています。

しかし，直接規制において働きかける対象者が多くなると，対象者がそれぞれ備えている能力や持っている資源に応じた，効率的な規制を行うことが難しくなります。また，規制基準を厳しくすると，特定の対象者に大きな負担がかかることが懸念されてしまい，このことが直接規制を導入する際の妨げにもなってきました。

環境税や排出量取引などの間接的手段は，このような効率性を追求できるものとして，注目を集めてきました。しかし，これらの政策手段については，対策費用に加えて環境税や一部の排出量取引においては，排出した部分にかかる課税や排出権購入のための負担が加わります。これを受けて，ドイツの排水課徴金のように，直接規制の基準を満たせば負担を減らす措置がとられてきたものもあります。

また，環境税や排出量取引を導入した結果として，かかる負担が少なくてすむ特定の地域に，環境汚染が集中してしまう恐れがあります。ここは直接規制の出番です。たとえば，アメリカでは連邦政府が酸性雨対策プログラムによる排出量取引を導入していますが，これに加えて州政府による二酸化硫黄などに対する直接規制が，以上のような問題を防ぐために行われています。

最後に，自主的取り組みにも触れておきます。第 **2** 節で取り上げた東京都による地域版キャップ・アンド・トレードの実現までの道のりを振り返ると，自主的取り組みはその自主性ゆえに，求められる効果をあげるには限界を抱えているところもあります。しかし，自主的取り組みならではの強みもあります。

同じく東京都が歩んだ道のりを振り返ると，大規模事業所による情報の提供や目標の設定という自主的取り組みがあったことによって，東京都はもちろん

Column❾ MDGsとSDGs

持続可能な発展について，国連もかかわりながら，世界の多くの国々が取り組んだ指標づくりに，ミレニアム開発目標（Millennium Development Goals：MDGs）と持続可能な開発目標（Sustainable Development Goals：SDGs）があります。

MDGsは，1990年代に入って，途上国における貧困撲滅とそのための国際開発援助の必要性が高まる中で，2000年9月に開催された国連のミレニアム・サミットにおいて採択された，国連ミレニアム宣言に基づいて設けられました。MDGsは8つの「目標」と，目標をより具体化させた21の「ターゲット」，そしてその達成状況を測るための「指標」によって構成されていました。

MDGsについては，途上国における貧困撲滅への注目が増したり，先進国や国際援助機関による援助の金額や内容に変化をもたらした点では，一定の成果がありました。他方で，アジア諸国とアフリカ諸国との間で達成状況に大きな差が

のこと，対象となる事業所にとっても，自らが抱える問題や選択可能な手段について認識を得たり，または深めたりすることができたといえます。このような自主的取り組みの側面は，政策手段の中では基盤的手段にあたるものですが，この基盤的手段を豊富にすることによって，間接的手段であるキャップ・アンド・トレードの導入へとつながったことが注目されるのです。

グローバルとローカルをつなぐ制度

同じく第2節で触れた有害廃棄物の越境移動にかかわる問題は，経済のグローバル化が進む中で，1つの国の範囲を超えた空間スケールで起こっている動きに応じた仕組みづくりが，今の時点においては十分ではないことを物語っています。

そのような仕組みは，制度とも呼ばれます。制度は，私たちの意思決定や行動に影響をもたらしている規範，ルール，および慣行のことです。このような制度は，それぞれの社会の価値観や文化のありようを反映しています。このため，国や地域が違えば，制度も異なります。そして，このような違いが，1つ

出たり，またMDGsの中心が貧困撲滅や開発であったことから，先進国が抱える諸問題には十分に対応できていないなどの課題もありました。

これらの課題を受けて，新たに設けられたのがSDGsでした。SDGsでは目標が17へ，またターゲットも169へと大幅に増えましたが，環境の持続可能性，経済の持続可能性，そして社会の持続可能性を関連させながら実現することによって，いくつかの目標を同時に達成することもできます。

また，MDGsと同じく，SDGsにおいても目標を達成するための手段は定めていません。このことは国ごとに，あるべき姿を反映させた目標の達成をめざして，さまざまな新しい取り組みや連携が生まれることを促すものです。これは，バックキャスティング◎として近年注目されているアプローチであり，インフラをテーマとした次の第**9**章でも取り上げます。

の国の範囲を超えた空間スケールで起こっているリサイクル資源の循環にうまく対応できなかったり，有害廃棄物の越境移動にかかわる問題を生じさせたりしているのです。

こうした背景として，制度にまつわる次の3つのことを考える必要があります。1つめは，先進国が自分の国のことだけを念頭に置いて制度をつくり，運営していることです。たとえば，容器包装リサイクル法をはじめとして，リサイクルを進めるために日本でつくられてきた制度は，いずれも国内で出されたバッズであるごみのリサイクルを促すためのものです。そのため，同じものでも外国ではグッズとなるものが，リサイクル資源として国境を越えて移動することには十分に対応できていません。

2つめは，先進国のような制度が，新興国や途上国ではまだつくられていないことです。そのような制度がないことに貧困が加わることによって，これらの国々ではリサイクルやごみ処理にかかる費用が先進国よりも安いだけでなく，不適正なリサイクルやごみ処理によって起こる，環境被害に対する人びとの評価さえも低いのです。これらのことを利用して，リサイクルやごみ処理をより効率的に行うために，途上国にそれらをゆだねればよいと主張した，当時世界銀行のエコノミストだったサマーズが書いた内部文書（サマーズ・メモ）もありました。しかし，貧困の解決にもつながる新興国や途上国の制度づくりやその運営においてこそ，日本をはじめとした先進国や国際機関が果たす役割は大きいのではないでしょうか。

しかし3つめに，先進国や国際機関がそのような役割を果たすうえでは，新興国や途上国では制度の中で**インフォーマル経済**にかかわるものが依然として大きな位置を占めていることを，十分に理解する必要があります。インフォーマル経済とは，事業や雇用などについて公式には登録されておらず，国や地域に関する統計データでも把握されていない結果，課税や社会保障の対象から外れている経済のことをいいます。

第2節で触れた，中国の都市におけるリサイクルの実際を思い出してみましょう。中国では，エコタウン事業などをモデルとしたリサイクルのインフラ整備や回収ステーションの稼働を進めるために，それ以前から存在してきた，農村からの出稼ぎ労働者などの個人の回収人を組み入れた回収ルートという，インフォーマル経済にかかわる制度を大きく変えようとしました。しかし，このことによって，事が先に進まなくなってしまっているのです。インフォーマル経済をただ単に排除する制度ではなく，むしろそれらをよりよい形で包摂していくための制度が求められているのではないでしょうか。

THINK

① 地域を対象として，豊かさや幸福度を測るための指標づくりが行われてきましたが，それらの意義と課題について考えてみよう。

② 環境政策統合について，国と自治体のどちらが進めやすいのかについて考えてみよう。

③ 新興国や途上国において，日本をはじめとした先進国の制度を導入する際に，どのようなことが課題になるのかについて考えてみよう。

さらに学びたい人のために　Bookguide

寺西俊一［1992］『地球環境問題の政治経済学』東洋経済新報社

→ブルントラント委員会や地球サミットによって，地球環境問題への関心が高まっていた時期に出された本。地球環境問題のとらえ方において，今に至ってもなお参考になることが多いです。

小島道一［2018］『リサイクルと世界経済』中央公論新社（中公新書）

→リサイクルの国際化について，リユースされる中古品とリサイクル資源の現状を踏まえながら，そこで起きている問題やバーゼル条約などの国際ルール，および今後の日本が取り組むべき方向性を示している良書。

亀山康子・森晶寿編［2015］『グローバル社会は持続可能か』岩波書店

→持続可能な発展に関する議論や，持続可能性の計測をめぐる動向，さらには持続可能な発展に関連したテーマである，貿易・投資，貧困，ジェンダー，エコツーリズムなどを，各分野の第一人者が論じている１冊。

CHAPTER

第9章

インフラを造り替える

未来への投資

造り替えられたインフラの姿。富山県富山市のLRT。

KEY WORDS

- □ インフラ
- □ インフラの老朽化
- □ コンパクト・シティ
- □ スマート・シティ
- □ 費用便益分析
- □ 環境アセスメント
- □ 公共事業の公共性
- □ ハード
- □ ソフト
- □ 社会関係資本
- □ バックキャスティング
- □ ビジョン

1 テーマと出合う

インフラがフラフラに

これで現場とも，ひとまずお別れかあ。最初の頃は，どんなことを聞けばいいかわからなかったから，シドロモドロだったよな～。

そもそも，挨拶もちゃんとできるか，怪しかったからね。

最初はみんなそうだよ。でも，ゲンバくんは，現場での出合いや経験を積み重ねる中で，少しずつ成長してきたよね。

授業もそろそろ終わっちゃうけど，ようやくぽっぽー先生からほめられた！　よ～し，大学までの運転，がんばるぞ!!

ところで，この先はかなり渋滞しているみたいだね。補修工事を行っている道路も，あちこちで多くなっているようだけど。

高度経済成長のときに造られた，道路などのインフラが老朽化してきているんだよ。そのようなインフラは，私たちのまわりにも多くなっ

てきているね。

いろんなインフラがあるけど，環境とはどうかかわっているのかな？

ぽっぽー先生やチイキさんと見学したごみ処理施設は，環境を守るために必要なものだけど，道路が整備されて車が増えると，大気汚染はますます深刻になるよね。

日本で走っている車は，燃費がいいものも増えてきたけど，人口が多い新興国や途上国で，そんな車がある程度普及するのは，まだ先の話だよね。

さっきのインフラの老朽化のことを含めて，日本がインフラについて直面してきた課題を克服して，その経験をアジアなどの国々に伝えていくことが大事になるんだよ。

さすが，ぽっぽー先生，いいこと言いますよね！　ところで，お腹が減ってきたので，おやつ食べたいんですけど，どなたか運転代わってくれませんか？

ゲンバくんは，やっぱり変わらないね……。

POINT

- 高度経済成長期に造られたインフラの老朽化が進んでおり，それらへの対応が求められています。
- インフラによっては環境を守るものもあれば，環境問題を引き起こすものもあります。
- 日本がインフラに関する課題を克服し，その経験をアジアなどの国々に伝えていくことは，大事なことです。

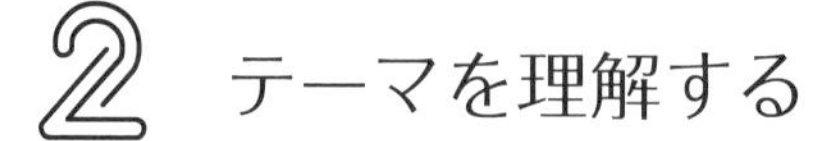

インフラのこれまでとこれから

いろいろなインフラ

インフラとは，インフラストラクチャー（Infrastructure）を略した言葉です。いろいろなインフラが，私たちの身の回りのありとあらゆる場所にありますが，大きくは**図 9.1** のように分けることができます。

まず，道路，港，空港などは「生産にかかわるインフラ」です。次に，ごみ処理施設，学校の校舎，さらに住宅などは「生活にかかわるインフラ」です。最後に，大雨や台風などによる自然災害から私たちを守るためのダムや堤防などがあり，これらは「国土保全にかかわるインフラ」です。

これらのインフラは，私たちの社会において欠かせない，生産や生活にとっての基盤となるものです。そのため，**第 1 章**などで述べた公共財にあたるものが多いので，政府がこれらのインフラ整備において，大きな役割を果たしてきました。

また，インフラの別の特徴として，ある場所に一度設けたら，他の場所に移すことができないことがあげられます。よって，インフラの姿は，地域における人びとのさまざまな活動を映す鏡であり続けてきました。さらに，「道直し」や「田直し」を例として，インフラ整備は集落などの地域コミュニティによって担われてきた部分も，少なくありません。このことから，政府によるインフラ整備においては，国だけではなく，地域コミュニティとのかかわりが深い地方自治体も積極的な役割を担ってきました。

日本におけるインフラ整備の歴史

次に，日本におけるインフラ整備の歴史を見てみましょう。**表 9.1** には，1960 年度から 2015 年度までのインフラ整備の移り変わりを，先に述べた生産，生活，および国土保全というインフラの種類ごとに分けて示しています。この

CHART 図 9.1 インフラの種類

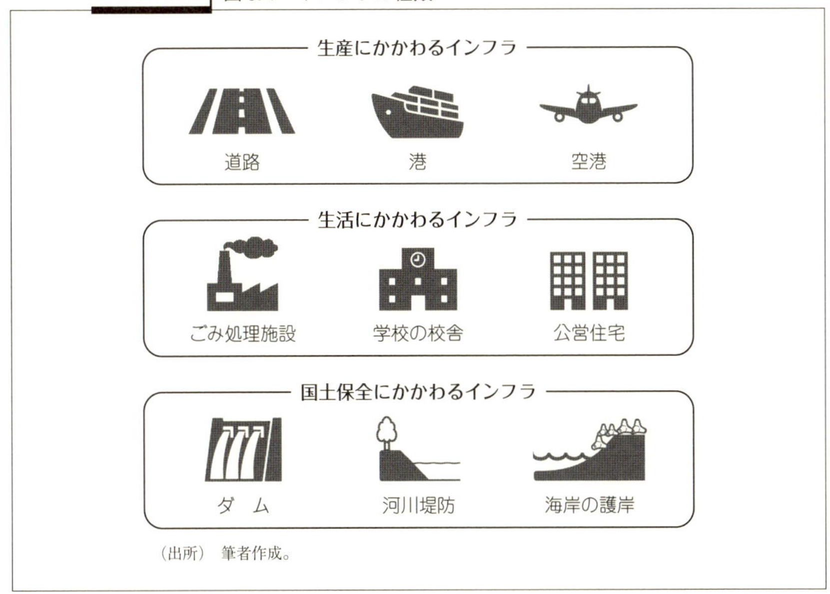

（出所） 筆者作成。

表をもとに，日本におけるインフラ整備の特徴を説明していきます。

まず，なんといっても，道路がいずれの時期においても多くの割合を占めてきたことが目を引きます。道路は生産にかかわるインフラに区分されていますが，じつは私たちの生活にも深くかかわっており，都市と農村との違いにかかわらず，インフラ整備に対する需要が多いからです。また，そのような需要に応えるために，かつての道路特定財源などが例にあげられるように，必要な財源が特別に用意されてきました。

一方で，時代ごとに見ると，変化しているものもあります。たとえば，生産にかかわるインフラに含まれている農林水産業は，産業の位置づけが低下してきたことを受けて，その割合を減らしてきました。その一方で，生活にかかわるインフラに含まれている下水道は，1980 年代から 2000 年あたりにかけて，その割合を増やしてきました。多くの地域において，水洗トイレは当たり前の存在になっていますが，それもこのように下水道の整備が進んできたからなのです。

ところで，このような下水道をめぐる動きは，外国との関係からも説明する

CHART 表 9.1 日本におけるインフラ整備の推移

（単位：%）

	事 業	1960	65	70	75	80	85	90	95	2000	05	10	15
生産	道 路	19.8	26.3	25.5	17.5	19.5	24.3	26.8	25.2	28.2	27.2	26.1	24.1
	港 湾	4.4	5.9	5.0	2.6	2.2	2.1	2.1	2.1	2.1	2.1	2.4	1.9
	空 港	0.2	0.2	0.6	0.4	0.5	0.6	0.9	0.9	0.6	0.7	1.1	0.6
	農林水産業	10.5	8.7	9.3	8.3	10.3	10.4	9.0	9.5	9.1	8.4	6.9	6.8
	工業用水	0.6	1.3	0.7	0.5	0.3	0.3	0.2	0.2	0.2	0.2	0.2	0.2
生活	住 宅	5.7	8.2	10.2	8.4	6.3	5.6	5.7	5.8	4.4	4.1	3.9	5.2
	都市計画	1.7	2.0	2.4	2.5	2.7	4.0	5.2	5.4	5.1	5.5	4.9	4.5
	環境衛生	0.8	1.6	1.6	2.3	2.0	2.1	2.1	2.8	3.2	2.9	2.5	3.3
	厚生福祉	2.2	2.6	3.2	3.1	3.1	3.0	3.7	4.6	4.6	4.1	5.3	5.6
	文教施設	10.4	9.2	10.9	9.4	11.4	10.0	9.1	8.0	6.9	7.4	10.6	10.6
	水 道	5.2	5.4	4.3	5.1	3.7	4.2	3.7	3.4	3.8	4.7	5.5	5.7
	下水道	1.4	2.7	3.8	4.9	6.6	7.5	7.8	8.8	9.5	9.4	7.8	6.8
国土保全		9.2	8.1	7.2	6.6	8.0	9.2	8.6	8.7	9.8	9.9	9.3	8.6
その他		27.9	17.8	15.5	28.3	23.4	16.8	15.1	14.5	12.6	13.4	13.6	16.2

（注） 各年度における行政投資額全体の中での割合。
（出所） 八木［2016］より筆者作成。ただし，2015 年度は総務省「平成 27 年度行政投資実績」より追加。

ことができます。どういうことかというと，**表 9.1** のうち 1990 年代における下水道の増加は，当時アメリカとの間で起こっていた日米貿易摩擦問題がその背景にありました。アメリカは対日貿易赤字を減らすべく，日本国内での消費や投資を増やす，いわゆる内需拡大を求めてきたのですが，じつはそこで日本の政府が積極的に行ったのが，下水道やごみ処理施設などの生活にかかわるインフラ整備だったのです。

これらのインフラ整備の歴史を振り返ると，大規模な道路やダムの建設などが，それまで地域環境を形づくっていた自然環境や歴史的環境を大きく変えてしまうことで，環境問題を引き起こしてきました。さらに，インフラが整備された後にも環境問題は起こりました。とくに東京，大阪，および名古屋といった三大都市圏において，住宅の近くに整備された道路（高速道路を含む），空港，および新幹線は，これらの利用者が高度経済成長期を経て増えていったことで，排気ガス，騒音，および振動などによる健康被害を周辺住民にもたらし，公害裁判が相次いで起こりました。

インフラをめぐる危機

日本をはじめとした先進国は，インフラ整備によって経済を成長させ，生活や文化を豊かにしてきました。けれども，このようなインフラをめぐって，今，先進国の多くは難しい状況に直面しています。なぜなら，これまで整備してきた**インフラの老朽化**が進んでいるからです。インフラの老朽化は日常生活に大きな影響を及ぼすだけでなく，老朽化が進んだインフラが崩壊してしまい，人的被害をもたらす例もあります。

このような影響や被害を防ぐためには，点検や補修などの維持管理だけでなく，耐用年数を超えた場合には更新することも必要になります。しかし，これらのインフラの維持管理や更新をめぐっては，難しい問題があります。

今の日本は，インフラ整備が活発に進められていた高度経済成長期の財政状況とは異なり，なおかつ人口減少にも直面しています。とくに，地方では人口減少が進んでおり，厳しい状況に直面しています。そして，インフラの維持管理や更新に，莫大なお金がかかることが予測されています。たとえば，国土交通省の推計によると，維持管理・更新にかかる費用は2018年度には5.2兆円に，その10年後には約5.8〜6.4兆円に，さらに20年後には約6.0〜6.6兆円になるとされています。

2012年12月に起こった，中央自動車道にある笹子（ささご）トンネルでの天井板落下事故をきっかけに，国はインフラの老朽化対策として，13年にインフラ長寿命化基本計画を，また翌14年にはこれに基づいた行動計画を，それぞれ決定しました。これらの計画を受けて，たとえば神奈川県秦野（はだの）市では，公民館などの公共施設を対象にしていた更新計画を，インフラを含めた形で再び策定し直しました。このように，自治体の中にはインフラの長寿命化に向けて，活発な動きを見せているところもあります。

確かに，そのような長寿命化は，これまでのインフラの維持管理や更新にかかる費用を節約するためには，重要な取り組みの1つでしょう。しかし，情報化や高齢化，さらにグローバル化などの社会経済構造の変化に対応する形で，地域から持続可能な発展を実現するためには，それらに必要な新たなインフラへの需要も高まっていくでしょう。

ですから，このような新たなインフラの需要を満たすことと，これまでのインフラの維持管理や更新とを一体的にとらえた，「インフラを造り替える」という考え方がより重要になっています。このようなインフラを造り替える例として，以下ではコンパクト・シティとスマート・シティの取り組みをそれぞれ紹介します。

インフラを造り替える①：コンパクト・シティへの取り組み

道路が中心であったこれまでのインフラ整備は，都市の形に大きな影響を及ぼしてきました。自動車を中心としたライフスタイルが浸透して，買い物やレジャーのための施設が郊外に多く立地してきた一方で，都市の中のとくに中心市街地では人が住まなくなり，昔からあった商店街が衰退したりするなど，都市機能の低下が目立つようになりました。しかし，郊外にあたる地域についても，人口減少や高齢化が進む中で，とくに駅から遠いところや傾斜が急なところでは，空き家が増えてきています。

このような問題を踏まえて，中心市街地に人口を集約させて，都市機能を回復することによって地域経済を活性化したり，また地域環境を改善したりするための**コンパクト・シティ**への取り組みが行われてきました。とくに日本では，富山県富山市が注目されてきました。

富山市は富山県の県庁所在地なのですが，市街地の人口密度はこれまで低下の一途をたどってきました。その理由として，富山市の地形が平坦であることから道路の整備が進んできたことと，土地の価格が安かった郊外において，一戸建て住宅が多くつくられてきたことがあげられます。これらの結果として，全国の県庁所在地の中で，富山市の市街地の人口密度は最も低くなってしまいました。

以上のような富山市における都市構造は，公共交通の衰退によって自動車を使えない市民の移動が難しくなること，分散して整備されたインフラの維持管理や更新にかかる費用が増えること，そして市街地の空洞化といった都市機能の低下に歯止めがかからないことなどの，さまざまな課題を抱えていました。そこで，これらの課題を解決するために，富山市は2002年からコンパクト・シティへの取り組みを進めてきたのです。

CHART 図 9.2 富山市がめざす「お団子と串の都市構造」

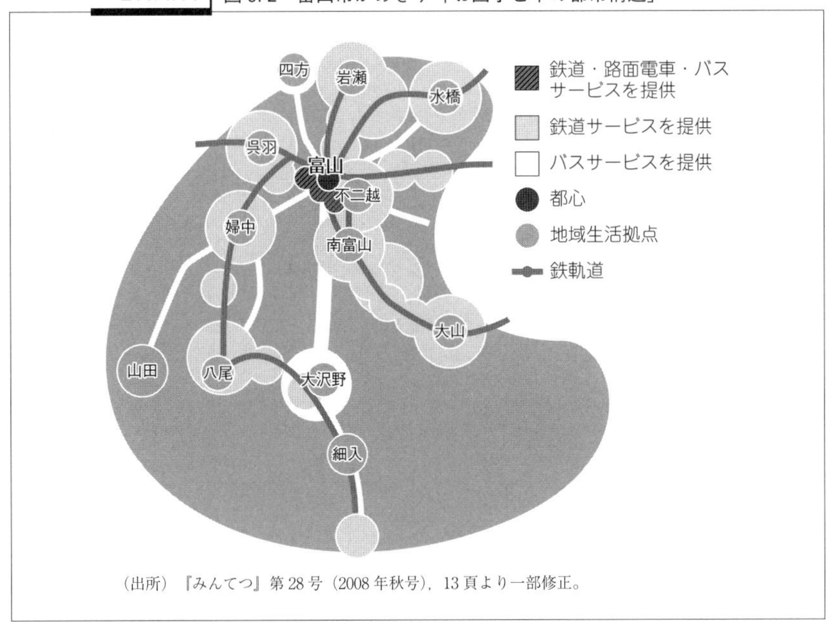

（出所）『みんてつ』第 28 号（2008 年秋号），13 頁より一部修正。

とくに注目されるのは，めざす都市構造のあり方を明確に示していることです。それが，図 9.2 に示している「お団子と串の都市構造」です。そこでは，郊外へと散らばってきたこれまでの都市構造を大きく転換させ，居住，商業，業務，文化などの都市機能を集約化させた拠点（お団子）を富山市内にいくつか設け，さらにこれらの拠点の間を公共交通（串）でつないでいくことが描かれています。

この都市構造を実現するうえで，公共交通の活性化は不可欠でした。そこで大きな役割を果たしているのが，富山ライトレールです。富山ライトレールは，2006 年 2 月末で廃止された JR 富山港線（富山駅から岩瀬浜駅間の 8.0 キロメートル）を活かして，全国ではじめて低床式路面電車であるライト・レール・トランジット（LRT）を採用し，同年 4 月に開業しました。現在は，自治体（富山県と富山市）と民間とが共同出資する，第三セクターとして運営されています。

富山ライトレールの特徴は，このようなインフラ整備だけではありません。運行の本数や停車する駅の数を増やしたり，また終電時間を延長したりして，利用者にとってより使いやすい公共交通を実現してきました。その結果，JR

富山港線のときと比べて，利用者数は平日で約2.1倍，休日で約3.3倍になりました。また，それまで自動車やバスを使用していた市民が，LRTへと交通手段を変えたことによって，二酸化炭素（CO_2）排出量が年間で436トン減りました。このような取り組みが評価され，富山市は2008年に環境モデル都市に，さらに2011年には環境未来都市に，それぞれ指定されました。

インフラを造り替える②：スマート・シティへの取り組み

第**6**章で，地域から再生可能エネルギーを普及させていくには，エネルギー自治◎が鍵を握っていることを述べました。じつは，そこでもインフラ整備が深く関係しています。

再生可能エネルギーを普及させていくうえで課題としてあるのが，その不安定さです。太陽光発電は日照時間によって，また風力発電は風況によって，発電できる量が変わってきます。このような出力変動が起こると，そのときに必要なエネルギーをまかなうことも難しくなります。つまり，再生可能エネルギーはエネルギーの需給調整が難しいのです。この課題を，最先端の情報通信技術を用いて克服する，**スマート・シティ**への取り組みが注目されています。以下では，福岡県みやま市の取り組みを紹介します。

福岡県みやま市は福岡県の南部にあり，有明海に面した温暖な地域です。このような気候条件を活かして，みやま市では太陽光発電を普及させてきました。その中では，遊休地となっていた土地にメガソーラーが設置されたのですが，それには市も出資をしました。しかし，各家庭の太陽光発電を含めて，それぞれが発電した電力を地域外の電力会社に売っていました。これでは，再生可能エネルギーによって得られた利益が地域に還元されないので，エネルギー自治の観点からすれば，じつに「もったいない」状況でした。

そこでみやま市は，市が過半数を出資する第三セクターとして，みやまスマートエネルギーを設立しました。この会社はメガソーラーだけなく，各家庭の太陽光発電から生み出される電力も買い取っています。とくに後者の電力については，固定価格買取制度における価格よりも１円上乗せして，積極的に買い取っています。このことは，以上のようなもったいない状況を改善するだけでなく，エネルギーの需給調整においても大事なのです。

Column ⑩　インフラ輸出の可能性と課題

人口減少が進み，また国と地方自治体とを問わず，財政制約が厳しくなる中で，日本のインフラ市場が傾向的に縮小していくことは，ほぼ間違いないでしょう。これに対して経済協力開発機構（OECD）は，2000 年から向こう 30 年間のインフラ投資額が，世界全体では約 71 兆ドルになると予測しています。日本とは対照的に拡大することが予想されている，このような外国のインフラ市場に対して，世界中から熱い視線がそそがれています。その中で，アジアなどの外国へのインフラ輸出は，日本においても国が掲げる成長戦略の柱の 1 つになっています。

日本のインフラ輸出の方針の 1 つとして，「インフラシステム輸出戦略」がありますが，この中には環境にかかわるインフラも含まれています。たとえば，2018 年 5 月に改訂された内容には，「先進的な低炭素技術の海外展開支援」があり，そこには東日本大震災によって大きな被害をもたらした，原発も含まれています。第 **6** 章で述べたように，原発が低炭素技術であるかについても疑問ですが，さらに福島原発事故後の除染作業や廃炉作業に多くの時間がかかっていることを考えると，このような原発を積極的に輸出してよいのかどうかについて，いろいろな意見があるのではないでしょうか。

また，日本におけるインフラ輸出が抱える課題として，先端技術を取り入れたインフラであるがゆえに，高価でもあることから，途上国が抱えているインフラに対する需要と合っていないことがあげられます。さらに，輸出したインフラを途上国の人たちがきちんと使いこなすためには，人材育成も欠かせません。これについて，かつて激甚な公害を経験した福岡県北九州市は，公害対策技術から最近では水インフラに至るまで，人材育成にも積極的に取り組んできました。インフラ輸出の可能性は，このような地域からの草の根レベルでの取り組みが，鍵を握っているのかもしれません。

というのも，このように市内の家庭からも電力を買い取ることは，地域内に数多くの小規模な発電施設を抱えることと同じ状況になり，結果として需給調整をやりやすくすることにつながるからです。さらに，エネルギーの需給調整も，みやま市ではこの会社が担っていますが，そこでとくに注目したいことが

2つあります。

その1つは，需給調整のために整備されたインフラが，再生可能エネルギーの普及だけでなく，生活サービスの提供においても役割を果たしていることです。みやま市では，経済産業省の事業に参加して，スマート・シティのインフラとして不可欠である，各家庭のエネルギー利用を管理するホームエネルギー・マネジメントシステム（HEMS）を，市内の約2000世帯で導入しました。そこから得られる膨大なデータを用いて，エネルギーの需給調整だけでなく，HEMS機器を通して定期的に送信される電力の使用状況を活用することで，高齢者の見守りサービスも提供できるようになったのです。また，HEMS機器の端末として利用するタブレットで，気象状況や電力使用量を確認できるだけでなく，宅配の注文，タクシーの手配，および公共料金の支払いなどもできるのです。

もう1つは，インフラの共同利用のために，他の地域新電力会社との連携を進めてきたことです。みやまスマートエネルギーは，鹿児島県いちき串木野（くしきの）市の地域新電力会社であるいちき串木野電力との間で，共同で電力の需給管理を行うための組織（バランシング・グループ）を，日本ではじめてつくりました。再生可能エネルギーを普及させながら，エネルギーの需給調整を円滑に行っていくためには，このように調整にかかわる地域を増やしていくことも大事なのです。

WORK

① 道路の整備率や下水道の普及率を例とするインフラ整備の状況について，都道府県別に調べてみよう。

② あなたが関心のある地域において，インフラをめぐる危機としてどのようなことが起こっている（もしくは起こる可能性がある）のか調べてみよう。

③ コンパクト・シティやスマート・シティに取り組んでいる地域の中で，あなたが関心のある事例について調べてみよう。

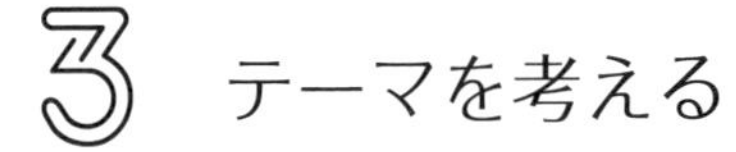

3 テーマを考える

▶ 持続可能なインフラへ向けて

費用便益（効果）分析の考え方

地域における環境と経済とのかかわりを，インフラを通して考えるにあたって，日本では地域開発を外すことはできません。とくに，第二次世界大戦後における地域開発は，「国土の均衡ある発展」という考え方のもと，地方における工業化や都市化を進めてきました。この地域開発の中でインフラ整備が行われ，地方においても生産や生活のための基盤がつくられてきました。また，インフラ整備そのものが，地方における雇用も生み出してきました。

このように，地域開発におけるインフラ整備は，地域経済に大きな影響を及ぼしてきました。しかしその一方で，第2節で述べたように，整備の途中だけでなく整備された後においても，環境問題をたびたび引き起こしてきました。なぜそのようなことが起こってきたのでしょうか。それは，国であれ，自治体であれ，いずれの政府もインフラ整備が地域経済に及ぼす影響については積極的に評価してきた一方で，地域環境に及ぼす影響については十分に配慮せずに，公共事業を行うことを決めてきたからです。

地域経済に及ぼす影響を踏まえて，ある公共事業を行うかどうかを判断するためによく用いられてきたのが，**費用便益分析**です。その考え方を，図9.3に示しています。ここでは，ある公共事業が及ぼす影響をお金に換算した「便益」と，その事業にかかる「費用」とを比較します。その結果，便益のほうが費用よりも大きければ，その事業はやったほうがよいという判断を促してきたのです。

けれども，影響の中にはお金に換算できないものもあります。たとえば，ある自治体が，世界の海をまたにかけて観光できる大きなクルーズ船を誘致するために，地域の中に新たな港を整備したとします。そして，ねらい通りに観光客も増えたとします。しかし，観光客が買い物やレジャーで消費した金額がわ

CHART　図 9.3　費用便益分析の考え方

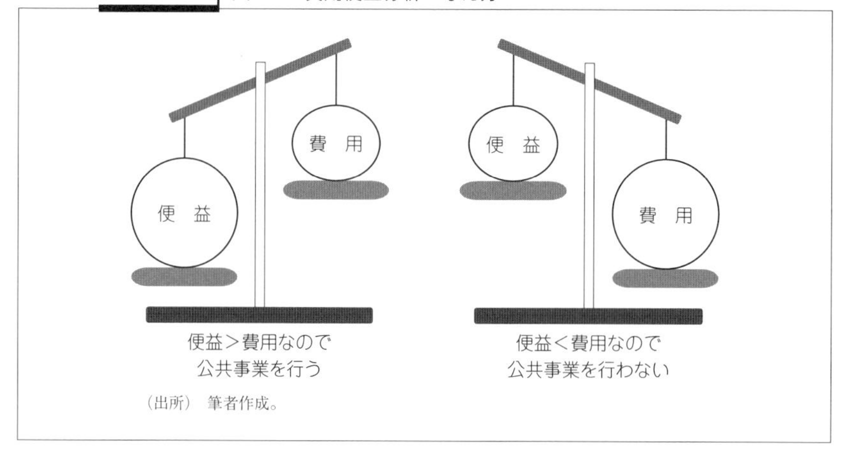

（出所）筆者作成。

からなければ，便益を測ることはできません。そこで，この場合は，増加した観光客の数を「効果」としてとらえ，これと費用とを比較する費用効果分析が行われることになります。

さて，一見すると，これらの費用対便益（効果）の値が大きい公共事業を行ったほうが，ムダ遣いをせずにすむように思えます。しかし，そのような公共事業を行うことによって，それまで地域で大切にされていた自然やアメニティに大きな悪影響が及ぶことを踏まえると，どうでしょうか。また，このような悪影響を少なくするための対策や，悪影響を前もって避けるための対策も必要になるでしょう。当然のことながら，これらの対策には費用がかかってきます。

そして，もしこれらの費用が大きなものになれば，自然やアメニティへの悪影響を踏まえない場合と比べて，費用便益（効果）分析の結果は大きく異なるものとなり，それまでの判断が変わるかもしれません。場合によっては，公共事業を中止することも選択肢に含まれるでしょう。

コミュニケーションとしての環境アセスメント

このような環境への影響を評価するための政策手段◎として，**環境アセスメント**があります。環境アセスメントは，人間の活動が環境に及ぼす影響を事前に評価したうえで，それらの活動をより環境に配慮したものへと変えていくためのものです。

 図 9.4　環境アセスメントはコミュニケーション

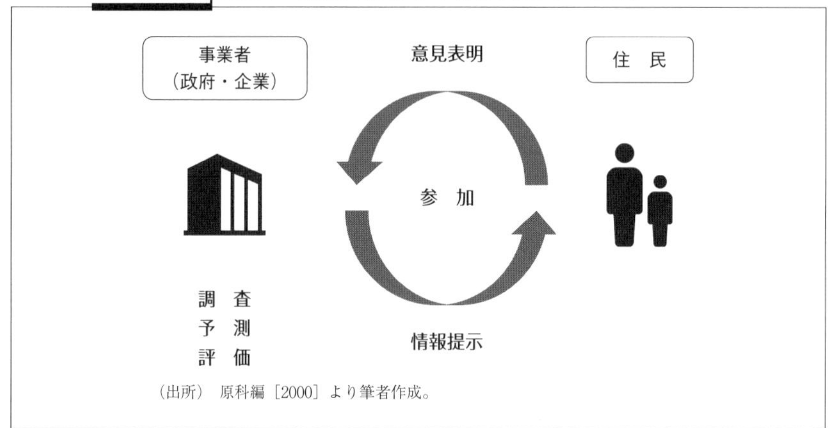

（出所）　原科編［2000］より筆者作成。

ところで，アセスメントという言葉が使われていることから，環境に及ぼす影響を評価することが大事であると思いがちです。しかし，その真のねらいは**図 9.4** に示しているように，政府や企業といった事業を行う者（以下，事業者）が調査，予測，および評価によって得た情報を，影響を受ける（もしくは受ける可能性がある）住民に示すとともに，それらの情報に対して住民が意見を示すことを，お互いの参加に基づきながら行っていくことです。つまり，事業者と住民との間でコミュニケーションを深めていくことにあるのです。

日本では，このような環境アセスメントは，遅々とした歩みでした。国では，当時の環境庁が何度も法案を国会に提出しましたが，縦割り行政や開発を進めたい利益団体からの圧力によって，相次いで廃案に追い込まれました。1984 年に閣議決定でアセスメント要綱を設けたのですが，法律ではなく要綱であったことから，その効果は限定的なものでした。

これに対して，これまでの章で取り上げた公害対策や景観まちづくりと同じように，自治体はここでも条例を設けて，国に先んじた取り組みを進めようとしました。1976 年には川崎市が，80 年には神奈川県と東京都が，それぞれ環境アセスメントに関する条例を設けました。これらの条例はいずれも，その後に設けられた国のアセスメント要綱と比べても，情報公開や参加をより積極的に進める内容を含んでいました。けれども，これらの自治体の動きも，一部の都道府県と政令指定都市にとどまっていました。

以上のような遅々とした歩みが，1990 年代に入ってようやく変わります。1980 年代後半から関心が高まった地球環境問題や，92 年に開催された地球サミットを受けて，環境基本法が 93 年に成立しました。そして，この法律の第 20 条において「環境影響評価の推進」が設けられ，その後，97 年に環境影響評価法が制定されました。この法律では，道路，河川，鉄道，飛行場，発電所，廃棄物最終処分場など，あわせて 13 種の事業が環境アセスメントの対象になっています。

環境アセスメントの課題について，最後に触れておきます。現在実施されている環境アセスメントのほとんどは，特定の公共事業などを対象に行われている，いわゆる事業アセスメントです。このような事業アセスメントは，具体的な事業を対象としてアセスメントを行うので，環境への影響を詳しく評価することができます。

しかし他方で，詳しい内容が決まっている事業段階での評価なので，その結果を受けて，中止を含めた大幅な変更を選択肢の中に入れることは，実際には難しいのです。日本において，環境アセスメントによって当初の事業内容が大きく変更されたのは，愛知県名古屋市にある藤前干潟（ふじまえひがた）で計画されていたごみ埋立処分場など，一部にすぎません。これに対して，第 **8** 章で触れた戦略的環境アセスメントは，事業よりもさらに前の段階にあたる，政策や計画に対して環境アセスメントを行うものであり，これまでの環境アセスメントの限界を乗り越えるものとして，注目を集めています。

公共事業の公共性

費用便益（効果）分析や環境アセスメントは，地域において環境に配慮して公共事業を行うことを支援する手段として，有益なものではあります。しかし，公共事業による環境問題は政府の失敗であり，そこにはこれらの手段とは異なる論点もあります。それが，**公共事業の公共性**です。

このことがとくに公害裁判で問われたのが，大阪国際空港でした。この空港は，関西圏の中心都市である大阪市に隣接する豊中市（とよなかし），池田市，および伊丹市（いたみし）にまたがって立地しており，周辺には住宅地が密集しています。当時，1970 年に開催される日本万国博覧会へ向けて拡張が進められ，飛行機の便数がそれ以前よりもさらに増えたのですが，周辺住民はこれらの飛行機がもたらす騒音によって深刻な被害を受けていました。そのような中で，夜間飛行の差し止めやこれまで受けた被害に対する損害賠償などを求めて，住民たちは訴訟を起こしたのです。

裁判の過程で，国（当時の運輸省）は公共事業の公共性について主張しました。それは，この空港は国が運営する空港（当時）の中でも重要なものなので，騒音による多少の被害については我慢すべきであるというものでした。つまり，国が運営し，また空港をさらに発展させるために必要な公共事業であること，そして国内の空港の中でも利用客数が多く，社会の中での位置づけも大きい空港であることが，公共性の意味することだったのです。

このような国の考え方を批判した経済学者が，宮本憲一でした。彼は，裁判の過程で原告側の証人として法廷に立ったのですが，そこでは次のような公共事業の公共性を示しました。

⑴ 公共事業やそれによる公共施設・サービスは，生産や生活の一般的条件，あるいは共同社会的条件であること。
⑵ 公共事業やそれによる公共施設・サービスは，特定の個人や私企業に占有されたり，利潤を直接間接の目的として運営されるのではなく，すべての国民に平等に安易に利用されるか，社会的公平のために行われること。
⑶ 公共事業やそれによる公共施設・サービスの建設・改造・管理・運営にあたっては，周辺住民の基本的人権を侵害せず，かりに必要不可欠の施設であっても，できる限り周辺住民の福祉を増進すること。
⑷ 公共事業やそれによる公共施設・サービスの設置・改善については，住民の同意を得る民主的な手続きを必要とすること。この民主的な手続きには，事業や施設・サービスの内容が住民の地域的な生活と関係するような場合には，たんなる同意だけでなく，住民の参加あるいは自主的な管理などを求めることを含んでいる。

少し難しい内容ですが，大事なことは，ここでの公共性は政府が行うからとか，社会の中での位置づけが大きいからといった，国が主張した公共性とは異なることです。ここでは，飛行機の騒音に悩まされないように，空港の周辺住民の生活を守ることが基本的人権を尊重することであり，また可能な限り周辺住民の福祉を増進させることを，公共性としているのです。さらに，このような公共性を満たす条件の中で，民主的な手続きや住民の参加を重視していることは，環境アセスメントが参加に基づいたコミュニケーションである，という考え方と共通している点として注目されます。

ハードとソフト

さて，インフラの内容へと話を移すと，そこには大きく分けて，ハードとソフトがあります。このうち**ハード**は，道路などの施設そのものであり，形のあるものです。その一方で**ソフト**は，そのような施設を設計したり，選択したり，または運営したりするための仕組みであり，形のないものです。

このように，インフラにはハードとソフトがあるのですが，地域環境に及ぼす影響がより大きいのは，どちらなのでしょうか。それは，ソフトであるといえます。道路そのものよりも，むしろどこに，どのような道路をつくるのかによって，環境問題が起こるのかどうか，また起こる場合の程度が異なります。ごみを処理するための焼却施設そのものよりも，それに対する財源といったお金の仕組みによって，これらの施設が大量廃棄社会を支えるものなのか，それとも循環型社会と両立できるものなのかが変わってきます。そして，役割を終えたインフラを，まちづくりの中で活かすための計画や担い手に関する仕組みがなければ，これらのインフラが地域におけるアメニティをつくるまでには至らないでしょう。

今進んでいる，まちづくりにおけるインフラ整備も，ハード中心からソフト中心へと移ってきています。たとえば，第2節で取り上げた富山市のコンパクト・シティへの取り組みの中ではLRTへの関心が高いのですが，このようなハードは「お団子と串の都市構造」というソフト（設計図）に基づいて整備されています。また，運行の本数や停車する駅の数といったソフトも充実して，富山市民にとってLRTがより使いやすくなったことも大事なことです。

みやま市のスマート・シティでは，再生可能エネルギーの需給調整のためのシステムや，それを円滑に動かすためのネットワークが重要なインフラとなっているのですが，これらもソフトにあたるものです。そして，これらのソフトが，再生可能エネルギーの普及だけでなく，生活サービスの充実ももたらしていることが注目されます。

フォアキャスティングからバックキャスティングへ

最後に，これからのインフラについて考えます。インフラは社会資本ともいわれます。これは，第**7**章で取り上げたストック◎としての資本の中でも，人工資本に含まれてきました。

インフラの中でも，とくに規模が大きいものについては，長い時間をかけて投資を続けなければなりません。また，これまで整備したインフラも，時間の経過にともなって機能が低下していきます。そのため，定期的に維持管理を行い，そしていずれかの時点で更新するかどうかを決めなければなりません。

このようにインフラは，投資するときも，そして投資した後も，それぞれ長い時間を視野におさめる必要があります。その時間は数年から，場合によっては数十年です。さらに，これらのインフラが機能を失っても，地域におけるアメニティをつくりだすものとして保守される場合は，それ以上に長い時間がかかることも珍しくはありません。このことから，インフラ整備は現在世代だけでなく，将来世代にもかかわるものであるといえます。

また，インフラは地域における環境と経済とのかかわりだけでなく，地域の人びとの生活や地域コミュニティのありようを通して，社会に対しても少なくない影響をもたらします。このことは，インフラがハード中心からソフト中心へと移る中で，ますます重要な論点になっています。たとえば，富山市ではLRTを使って市民が中心市街地へこれまで以上に足を運ぶようになったことで，新たな「つながり」ができるようになった点が注目されています。そのような関係性は，**社会関係資本**（ソーシャル・キャピタル）として，近年においていろいろなテーマで活発に取り上げられています。

以上のように，インフラは時間軸において広がりを持ち，またそれがかかわる分野も，地域における環境，経済，および社会にまたがっています。このことを踏まえると，インフラ整備は地域から持続可能な発展◎を実現するための「未来への投資」であるといえます。それでは，未来への投資としてのインフ

CHART　図 9.5　フォアキャスティングとバックキャスティング

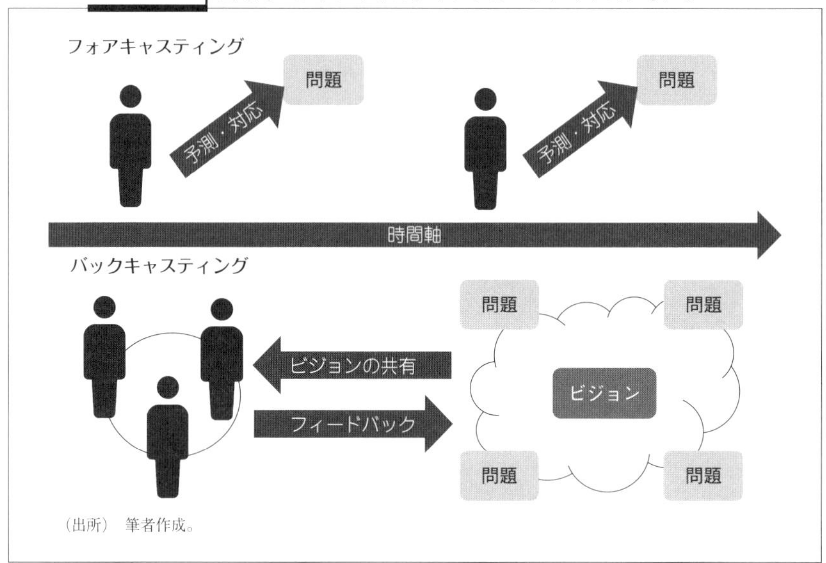

（出所）　筆者作成。

ラ整備において，大事な考え方は何でしょうか。それは，一言でいえば，**バックキャスティング**です。

図 9.5（上図）に示しているように，これまでのインフラ整備，なかでも高度経済成長期のようにインフラが不足していることが大きな問題であった時代は，どのような問題がどの程度起こるのかを予測し，それらに基づいてインフラ整備を行って対応するという考え方が中心でした。このような考え方を，フォアキャスティングと呼びます。

けれども，今，地域が抱える問題にはさまざまなものがあり，また問題そのものを予測することが難しいことも珍しくはありません。さらに，多くの地域が人口減少や財政制約に直面している中で，すべての問題に取り組めるとは限りません。これらの地域では，「あれも，これも」ではなく，「あれか，これか」や「あれとこれ（をつなげる）」が迫られているのです。

そこで，バックキャスティングの出番です。**図 9.5**（下図）に示しているバックキャスティングの考え方では，地域におけるこれからのあるべき将来像（ビジョン）を多様な主体の間で共有しながら，インフラ整備の方向性をみんなで決めて，そのもとでインフラを造り替えていきます。

この考え方のポイントは，2つあります。その1つは，ビジョンの共有を重視していることです。多くの問題を抱えながらも，「あれか，これか」や「あれとこれ（をつなげる）」を迫られている地域において，優先順位をつけながら，できるだけ多くの人びとが納得できる形で問題を解決していくためには，ビジョンの共有が不可欠だからです。そしてそこでは，地域の人びとが参加し，情報を得て，学習できる場づくりや関係づくりが欠かせませんが，ここにおいて自治体だけでなく，近年においてはNPOの果たす役割も大きくなってきています。

ところで，ビジョンが対象とする時間軸は，将来世代にも及ぶような長いものが多いのです。そのため，今までのビジョンのもとで取り組んできた，インフラ整備に関する成果や課題を踏まえながら，ビジョンを見直していくことが必要になります。これが，もう1つのポイントです。このような見直しをフィードバックと呼びますが，ここでも場づくりや関係づくりが重要になります。そして，フィードバックを行いながら，地域におけるビジョンとすり合わせていくことによって，インフラ整備が地域から持続可能な発展を実現するための未来への投資になっていくのです。

THINK

① 第**2**章で学んだ絶対的損失が起こる環境問題について，費用便益（効果）分析や環境アセスメントは使えるのか，またどのように使えばよいのかを考えてみよう。

② インフラ整備をめぐる「ハード中心からソフト中心へ」という考え方に対して，それが妥当であるのかを，あなたが関心のある事例をもとに改めて考えてみよう。

③ バックキャスティングを促す場づくりや関係づくりにおける，自治体やNPOの役割について，それぞれができることを踏まえながら考えてみよう。

さらに学びたい人のために　Bookguide

五十嵐敬喜・小川明雄［2008］『道路をどうするか』岩波書店（岩波新書）

→日本のインフラの中心は道路であり，それは今も変わりません。なぜ変わらないのか。また，それをどう変えるのか。その見取り図を得るために。

原科幸彦［2011］『環境アセスメントとは何か――対応から戦略へ』岩波書店（岩波新書）

→環境アセスメントに関する第一人者による入門書。「アセスメントはコミュニケーション」であるという本質から，戦略的環境アセスメントの動向までが盛り込まれています。

宮本憲一［1976］『社会資本論（改訂版）』有斐閣

→日本における社会資本研究の「原典」として。高度経済成長の中での「住みにくい」国づくりの鍵を，社会資本が握ってきたことを明らかにしています。

CHAPTER

第10章

ガバメントからガバナンスへ

みんなでアクション

埼玉県・見沼田圃にかかわる人びと。多様な人びとによるアクションが，地域の持続可能性を実現していきます。

KEY WORDS

- □ ガバナンス
- □ ガバメントからガバナンスへ
- □ 厄介な問題
- □ 社会的ジレンマ
- □ 環境ガバナンス
- □ 利害調整
- □ ガバナンスの失敗
- □ メタ・ガバナンス
- □ 中間支援組織
- □ 条件整備

1 テーマと出合う

卒業してからの現場

ぽっぽー先生，お久しぶりです。相変わらず，お元気そうですね。

やあ，チイキさん。そちらこそ，元気そうだね。ところで，年賀状で仕事を変えたことが書かれていたけど，新しい仕事はどうかな？

まだ慣れないこともありますが，楽しんでますよ。前の会社で地域の環境を守る活動にかかわったことがきっかけになって，今は環境NPOで仕事しているんですよ。

相変わらず，がんばっているね！　ところで，ゲンバくんもここに来るようだけど，どこにいるんだろうねぇ。おやっ？　入り口の近くでアタフタしているのは，ゲンバくんだね。

ぽっぽー先生，こんにちは。遅刻しそうになって，急いでいたら，隣の会場と間違えそうになりました～。

ところで，ゲンバくんはずっと公務員を続けているけど，地域のためにしっかり仕事しているのかな？

もちろん，やっていますよ！　地域をよくしたいとがんばっている自治会長さんや，地元企業の社長さんから，怒られながら，でも励まされながらね。

ゲンバくんも社会人になって，いろんな経験をしているんだね。ところで，大学で学んだことが，今の自分にどう活かされているのかな？

その話，私もぜひ聞きたいね！

地域はいろんな課題を抱えていて，どうすればいいかとまどうこともあるよ。でも，そんなときは，ぽっぽー先生の授業で教えてもらった，現場に学ぶことの大切さを思い出しているよ。チイキさんは？

私は，企業からNPOへと職場が変わったけど，常に心がけていることは「どうなるか」ではなく，「どうするか」だよ。だから，合言葉は「みんなでアクション！」。

いいねえ。それじゃ，「みんなでアクション！」ってことで，再会を祝して「みんなで乾杯！」。

ゲンバくんらしさは，やっぱり変わらないね！

POINT

- 卒業後は，企業だけでなく，政府やNPOなどのさまざまな立場で，地域とかかわることがあります。
- 地域が抱える課題はたくさんあって，ときにはとまどうこともあるでしょう。しかし，どんな課題であっても，現場に学ぶ姿勢を持つことは大切です。
- 地域にかかわるさまざまな人たちと，「みんなでアクション！」を起こすことが，次につながります。

テーマを理解する

ガバナンスの現場を歩く

「ガバナンス」で振り返る

いよいよ最後の章です。これまで，いろいろなテーマを通して，地域から環境と経済のことを考えてきました。これまで知らなかった現場もあったでしょう。また，知っていた現場でも，新たな発見ができたのであれば，うれしく思います。

しかし，考えるだけでは，もったいないのではないでしょうか。地域にはさまざまな課題がありますが，これからの可能性を持った現場もたくさんあります。みなさんの身近なところにも，そのような現場はあると思います。問題を解決したり，また可能性を実現したりするために，考えることから，「みんなでアクション」へと踏み出してみませんか。

そこで，この章では，そのようなアクションの姿を，ガバナンスをキーワードにしながら伝えていきます。じつは，これまでの章でも，このガバナンスにかかわるものがいくつもありました。まずはそれらを取り上げることで，ガバナンスに対して少しイメージを持ってもらうことから始めましょう。

公害を取り上げた第**2**章では，公害の被害を受けた患者，裁判によって加害の責任が明らかになった企業，地方自治体，患者以外の住民，そして再生活動を担う財団が連携しながら，環境再生のまちづくりを進めていることを述べました。廃棄物を取り上げた第**3**章では，大量廃棄社会から循環型社会への転換においては，リサイクルしやすい製品づくりのために生産者が責任を果たす一方で，消費者は分別やグリーン購入を行うことで，生産者の取り組みに協力することが大事であることを指摘しました。

農を取り上げた第**4**章，コモンズを取り上げた第**5**章，そして再生可能エネルギーを取り上げた第**6**章では，農村においてより豊かに存在している自然環境を育んだり，守ったり，さらに地域資源として活用することに，都市の人びとや事業者も積極的にかかわってきており，このような都市と農村の共生が今後ますます重要になることを紹介しました。さらに，自然環境だけでなく，歴史的環境も含めた地域環境が生み出すアメニティや，それを活かした地域ブランドを第**7**章のまちづくりで取り上げました。そこでも，地域の人びとはもちろんのこと，地域外の人びととの交流が果たす役割も大きいことを示しました。

気候変動などのグローバルな環境問題を取り上げた第**8**章では，日本などの先進国だけでなく新興国や途上国も含めて，またインフラを取り上げた第**9**章では，私たち現在世代だけでなく将来世代も含めて，持続可能な発展について考えました。そこでは，国という枠組みを超えて，また将来世代も含めた形で時間軸を広げて，さまざまな人びとの間で科学的知見を共有し，問題を解決するための政策を考え，議論し，そして実践することの大切さを述べました。

以上のように，これまでの章を振り返ると，次のような環境政策をめぐる新たな姿が見えてきます。それは，環境政策において，国や自治体といった政府だけでなく，住民，企業，およびNPOなどの政府以外の多様な主体がかかわるようになっていることです。そして，これらの多様な主体が連携し，さらに協働しながら問題を解決しようとする動きが，第**1**章で述べた**ガバナンス**なのです。

ガバメントからガバナンスへ：埼玉県における見沼田圃保全の事例

このような変化は，**ガバメント**から**ガバナンス**へといわれてきました。ここでは，埼玉県にある見沼田圃（みぬまたんぼ）を事例にして，なぜそのような変化が起こっているのかを探ります。

CHART 図 10.1 見沼田圃の位置

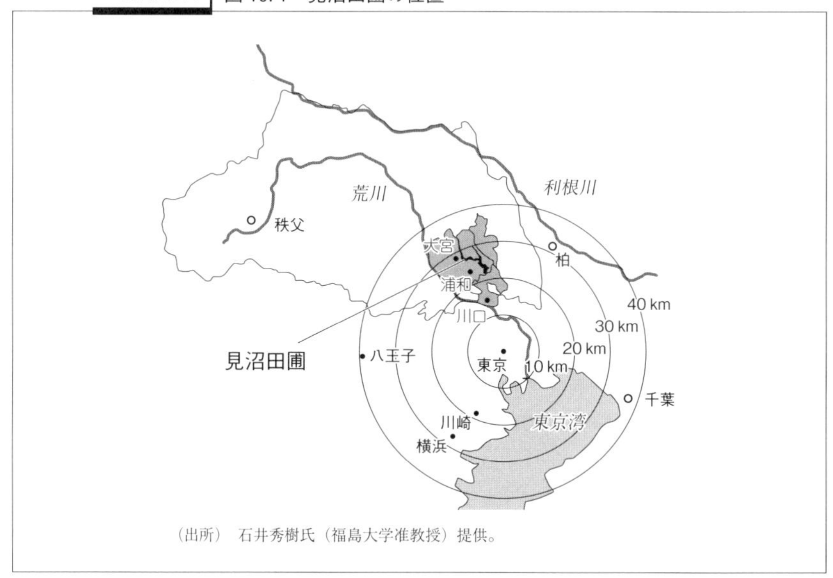

(出所) 石井秀樹氏（福島大学准教授）提供。

図 10.1 を見てください。見沼田圃は，埼玉県のさいたま市と川口市にまたがって存在しています。その多くが東京都心から 20〜30 キロメートル圏内にあり，南北約 14 キロメートル，外周約 44 キロメートル，総面積約 1260 ヘクタール（東京ドームの面積の約 270 倍）を有しています。なお，田圃という名称がついていますが，現在では畑が最も大きな割合を占めています。また，公園や緑地として保全されているエリアや，道路として開発されたエリアも少なくありません。

このように東京都心に近いこともあり，見沼田圃では第二次世界大戦後において急速に宅地開発が進む中で，農地が次々と消えていきました。しかし，そのような状況に変化が生じます。きっかけは，1958 年 9 月にこの地を襲った狩野川台風でした。この台風は，見沼田圃の中心部を流れる芝川(しばかわ)を氾濫させ，周辺にあった多くの家が浸水の被害を受けました。また，見沼田圃の多くの農地も水につかりました。そのような中で注目されたのが，見沼田圃が果たした遊水地としての役割でした。もし，見沼田圃がなければ，被害はさらに拡大しただろうというわけです。

このことを受けて，さっそく翌 10 月には当時の埼玉県知事が，行政指導によって宅地開発のための農地転用に対してストップをかけます。その実効性を高めるために，埼玉県は1965年3月に「見沼田圃農地転用方針」（見沼三原則）を，また68年に行われた国による都市計画法の改正を受けて，翌69年には三原則補足と称された「見沼田圃の取り扱い」を，それぞれ決定しました。さらに，同じ69年に制定された国による農業振興地域整備法も活用します。このように国の法律と見沼三原則，およびその補足が折り重なる形で，農地転用をはじめとした厳しい土地利用規制によって，見沼田圃を保全することにしたのです。

このように，直接規制では政府の役割が大きかったのです。しかし，厳しい土地利用規制は，農業に必要な建物を建てられないなど，見沼田圃における営農活動の制約にもなりました。また，東京都心に近いことから農地の価格が押し上げられていく中で，重い相続税の負担を強いられた農家もいました。それらの農家の中には，税金の負担を減らすために農地を分割したところもありました。そこに後継者不足が加わることによって，見沼田圃にも耕作放棄地が現れてきました。つまり，厳しい直接規制だけでは，見沼田圃を守ることができなくなったのです。

そこで，埼玉県はさいたま市（当時は浦和市と大宮市）と川口市との間で連携して，1995年に「見沼田圃の保全・活用・創造の基本方針」を策定しました。この基本方針でとくに注目されるのが，農家が厳しい土地利用規制を受ける代償として，基金を設けたことです。具体的には，上記の自治体によって公有地化基金（現さいたま環境創造基金）が設けられ，営農活動を継続することが難しくなった農家からの申請に基づいて，農地の買い取りや借り受けを行うことにしました。さらに，この見沼田圃公有地化推進事業では，公有地化した農地の一部について，見沼田圃での営農を希望する市民団体に管理を委託してきました。その中には，第**4**章の **Column ❺**で紹介した，福祉農園を営んでいる団体もあります。

以上のように，お金や市民の手も用いながら農地を守っていくという新たな保全の段階においては，政府による規制だけでなく，政府とそれ以外の主体との連携や協働という，ガバナンスが求められるようになったのです。

CHART 図 10.2 熊本地域における地下水循環

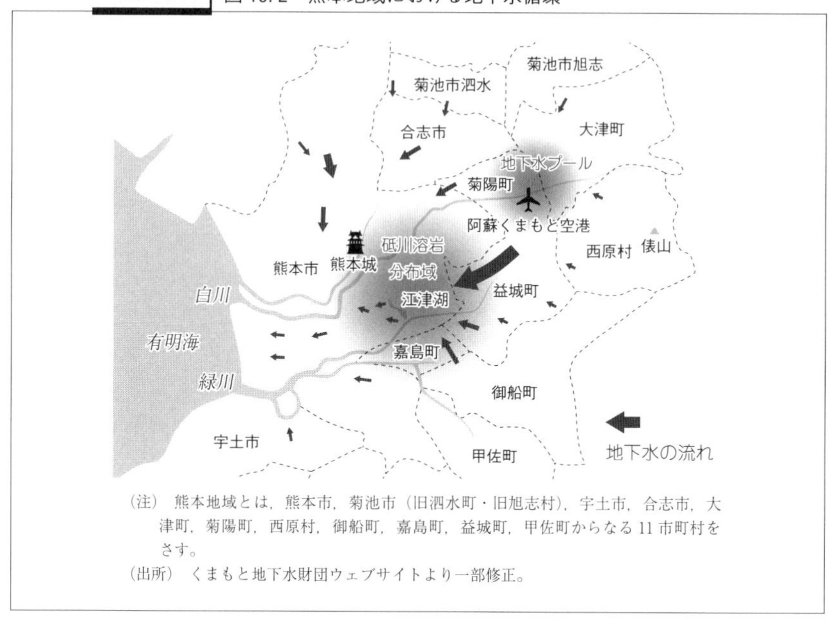

（注） 熊本地域とは，熊本市，菊池市（旧泗水町・旧旭志村），宇土市，合志市，大津町，菊陽町，西原村，御船町，嘉島町，益城町，甲佐町からなる 11 市町村をさす。
（出所） くまもと地下水財団ウェブサイトより一部修正。

ガバナンスも変わる：熊本地域における地下水保全の事例

しかし，このような政府の失敗◎だけが，ガバメントからガバナンスへと変化する理由なのでしょうか。また，政府の失敗があるからといって，ガバナンスの中で政府の役割はなくなったのでしょうか。これらのことを理解するために，ここでは熊本地域における地下水保全の事例を取り上げます。

熊本地域とは，図 10.2 で示している地下水を生活や生産のために日常的に利用している，熊本市をはじめとした全部で 11 市町村によって構成されている地域のことであり，その総人口は約 100 万人にもなります。地下水は人類が使える最大の水資源ですが，目に見えにくく，また地域ごとに偏って存在しています。熊本地域のような規模で地下水を利用している地域は，国内外においてそう多くはありません。このように，熊本地域にとって地下水は欠かせない地域資源◎になっているのです。

地下水を育むことを，涵養（かんよう）といいます。熊本地域においては，阿蘇外輪山の西麓で降った雨や，白川（しらかわ）という一級河川の中流域に位置する，大津町と菊陽町にある水田に降った雨が地下に浸透することで，地下水が涵養されてきました。とくに，後者の水田は雨をよく透すことから，「ざる田」とも呼ばれてきました。そして，このように涵養された地下水が集まる「地下水プール」は，熊本地域における巨大な水がめとして，この地域の地下水循環を特徴づけてきました。

ところが，白川中流域では米づくりを減らしていく減反が進み，また熊本市内や空港に近いことから，都市化も進んできました。これらを受けて水田が減ってきたのですが，それは当然のことながら涵養される地下水が減ってしまうことを意味します。

このような変化や，それにともなう地下水問題については，熊本市や熊本県といった自治体が，地元の大学と協力しながら行ってきた研究によって明らかにされてきました。それらの研究は，地下水が涵養される仕組みを明らかにするうえで，また地下水が減少していることの問題について，立場を超えて認識を共有していくうえで，それぞれ大きな役割を果たしました。それでは，問題の解決へ向けてどのような動きが起こったのでしょうか。ここで大きな役割を果たしたのが，地元の環境 NPO である環境ネットワークくまもと（現くまもと未来ネット）でした。

この NPO が注目したのが，菊陽町に半導体工場を立地していたソニーセミコンダクタ九州（現ソニーセミコンダクタマニュファクチャリング）でした。半導体を製造する工程では，きれいな水を多く利用します。そこで，ソニーセミコンダクタ九州は，グローバル企業としての環境活動に関する積極的な取り組みの１つとして，「使った地下水を涵養によって戻す」という環境ネットワークくまもとの提案に耳を傾け，資金の提供や取り組みへの参加を通して協力することにしたのです。

そして，この NPO が橋渡し役を果たしながら，企業，土地改良区，自治体，および農協との調整を行った結果，地元農家が水田に水を張る湛水（たんすい）を行うことによって，当時この企業が使用していた地下水量の約 80 万トンを超える，約 90 万トンの地下水涵養を実現しました。さらにこの成果を踏まえて，熊本市が行政計画の中で白川中流域の地下水涵養が必要であることを明記し，**図 10.3** に示しているような関係者による組織づくりを行い，予算をつけ，白川

CHART 図 10.3 白川中流域における地下水涵養にかかわる組織

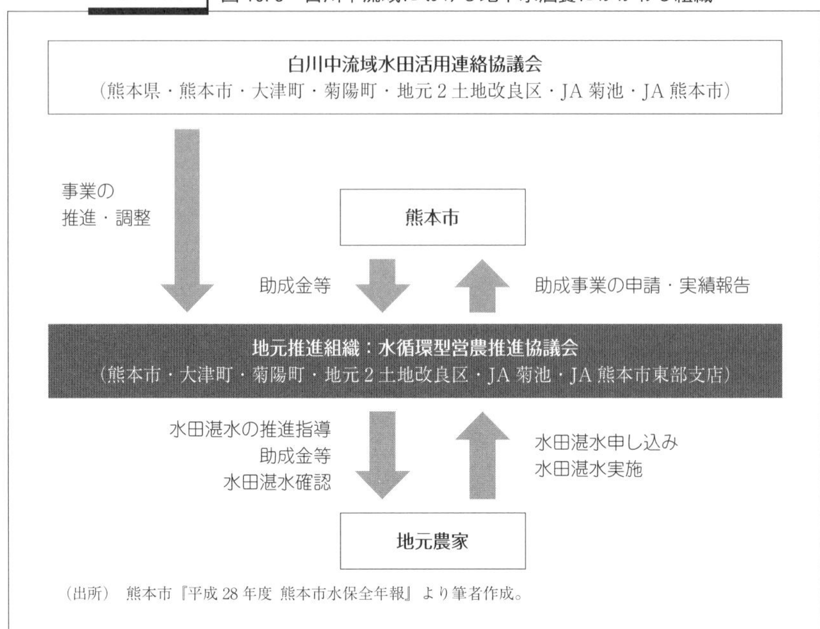

（出所） 熊本市『平成28年度 熊本市水保全年報』より筆者作成。

中流域における地下水涵養を進めてきました。

以上のように，熊本地域における地下水保全の事例を見てくると，ガバナンスの姿は時を経ながら変わること，またその中でガバナンスにおいて中心的な役割を果たす主体も変わること，さらにこれに関連して政府の役割も変わることが，それぞれわかります。つまり，ガバナンスも変わるのです。

ガバナンスにおける市場の役割：森林認証制度を通して

経済学が市場を対象にしてきたこと，しかしながら市場の失敗◎として環境問題が起こってきたことは，これまでの章でも取り上げてきました。しかし，価格を通した需要と供給の仕組みによって，生産者と消費者を幅広く結びつけることは，市場だからこそできることでもあります。市場の失敗を防ぐような仕組みを設けながら，生産者と消費者との間に多様な関係をつくり，それによって環境問題を解決することは，ガバナンスにおける市場の役割として注目されます。

そのような仕組みの例として，認証制度があります。エコラベルという言葉を聞いたことがあると思いますが，それらのラベルが信頼されるためには，認証制度は欠かせないものです。認証制度にはさまざまなものがありますが，国際的な認証制度の設立は地球サミット後に進んできました。ここでは，その中でも最も早く設立された森林管理協議会（Forest Stewardship Council：FSC）による森林認証制度の経緯と，日本の地域におけるこの制度を活かした取り組みについて紹介します。

FSCは1993年に設立されましたが，当時としては珍しい，企業と環境NGOによる協働がもたらした成果でした。その発端は，1980年代にアマゾンの熱帯雨林の伐採を行っていた企業に対して，アメリカやヨーロッパで反対運動が起こり，また抗議行動として伐採された木材の不買運動も起こったことです。これらに環境NGOも深くかかわっていました。しかし，そのような不買運動は，問題を根本から解決させるものではありませんでした。

他方で，企業も不買運動がもたらす悪影響を気にしており，自らが無責任な森林伐採にはかかわっていないことをアピールする方法を求めていました。そこで，企業とNGOとの間で「認証制度によって持続可能な森林の利用を進める」という目的が一致し，協働へ向けて動き出したのです。そして，世界的な環境NGOである世界自然保護基金（World Wild Fund for Nature，略称WWF）を母体として，FSCが設立されました。

FSCでは，森林自体と，それらの森林から生産された原木や製品を扱う団体に対して，それぞれ認証制度を設けています。2018年9月時点で，日本では認証を受けた森林面積が約40万ヘクタール，また団体数が36となっています。日本の森林面積に対して1%台しか占めておらず，その位置づけはまだまだ小さいですが，認証を取得した団体は企業，自治体，森林組合など幅広く，これらの多様な主体が認証制度を活用する形で，市場を通したガバナンスをつくってきました。

また，日本では過疎に悩む地域において，林業再生の一環としてFSCによる取り組みが行われてきました。ここで注目したいのは，そのような取り組みの過程においても，ガバナンスが見出せることです。たとえば岡山県西粟倉（にしあわくら）村では，いわゆる「平成の大合併」の中でも，住民からの意見を受けて合併を選ばなかったことが，林業再生とFSCの取得へと向かうきっかけになりました。

西粟倉村では，村内で豊富に存在している森林資源を活かした地域振興のために，「百年の森林構想」を2008年に策定しました。そしてこの構想をもとに，「百年の森林事業」を行ってきました。この事業においては，十分に管理されないままに放置されている森林の所有者に対して村が10年間の契約を結び，地元の森林組合に対して管理を委託しています。そしてこの契約と合わせて，FSCへの加入に関する同意も所有者から得ることにしています。

これらは森林自体への認証ですが，西粟倉村では森林資源を取り扱う団体が認証を取得することも，これまで進めてきました。その中には，「百年の森林事業」で中心的な役割を果たしている，西粟倉・森の学校も含まれています。このように，西粟倉村ではFSCの取得も含めた林業再生を進めていく中で，従来には見られなかった多様な主体が連携し，協働していくガバナンスが現れてきたのです。

WORK

① これまでの章で取り上げたテーマや事例の中から，ガバナンスとかかわるものを選び，そのなかで政府がどのような役割を果たしているのか調べてみよう。

② ①を踏まえて，今度は政府以外の主体が果たしている役割について調べてみよう。

③ 本文で取り上げたFSCや漁業管理協議会（Marine Stewardship Council）による認証制度を活用して取り組みを行っている，他の事例について調べてみよう。

3 テーマを考える

環境ガバナンス論

ガバナンスが求められている「厄介な問題」

ガバナンスの語源はいくつかありますが，このうちギリシャ語にあたる言葉（kubernan）には「ある方向に向けて船の舵をとったり，または操縦したりする」という意味があります。舵とりや操縦を指揮するのは，船の場合であれば船長です。船長がこのような役割を果たすためには，船員たちから信頼され，それに基づいてよい関係が維持されることが必要です。

イギリスで近代国家が成立してから，そのような船長の役割は，政府に求められてきました。社会の安定や発展のために，それぞれの時代ごとに求められる役割を政府が果たし，国民から信頼されている間はガバナンスという言葉は出てきませんでした。しかし，政府に対して信頼が置けなくなったときに，ガバナンスという言葉が現れてくるようになります。

それでは，政府が役割を果たせなくなっているのは，なぜでしょうか。財政の問題や，政治家への忖度（そんたく）に励む官僚の問題があるようにも思えます。政治家や官僚個人だけでなく，政党や行政組織にかかわる問題もあるでしょう。さらに，このような政府の失敗だけでなく，価値観が多様化している社会の中で，さまざまな思いや考えを踏まえないといけなくなり，政府が取り扱う社会問題が今までよりも厄介になっていることも，見逃せません。

そのような**厄介な問題**（wicked problem）には，次の4つの特徴があります。第1に相反性です。これは，ある問題を解決しようとすると，それによって他の問題が悪化してしまうことであり，よくトレード・オフと呼ばれます。第2に全体性です。これは，いくつかの問題が相互に関係していることです。つまり，相反性と全体性は，ある問題を解決するだけでは，問題全体を解決できるとは限らないことを意味します。

第3に主観性です。これは，立場や見方が違えば，異なる問題として認識されることです。そして第4に動態性です。これは，時を経ながら社会が変わる中で，それにともなって社会問題も変わることです。つまり，主観性や動態性は，「何が問題なのか」について一致させるのが難しいことを意味します。

以上のような厄介な問題の出現は，政府だけで問題を解決することを難しくしました。そして，それにともなって，政府以外の多様な主体が問題の解決にかかわることが，求められるようになりました。このような変化が，ガバメントからガバナンスへといわれるものです。

環境問題も厄介な問題に

じつは環境問題も，このような厄介な問題になってきているのです。その様子を，先ほど取り上げた4つの特徴に沿って見てみます。

まず，相反性については，環境と経済のトレード・オフがあります。このトレード・オフは，先進国だけでなく新興国や途上国のうち，とくに人口増加や経済成長が進んでいる国において，悩ましい問題になってきました。加えて，第**8**章で触れた持続可能な発展◎という考え方が教えてくれるように，今世界が直面しているのは，環境と経済だけでなく社会も含めた持続可能性をどのように実現するのかという，さらに大きな問題です。

次に，全体性については，第2節で紹介した見沼田圃の事例があてはまります。そこでは，厳しい土地利用規制によって農地を守ろうとしても，農業をめぐる変化を受けて農家が減ったり，また相続税といった税の仕組みを通して農地が細分化されたりした結果，一定の規模で農地を守ることが難しくなってしまいました。このような問題を解決するためには，環境政策と，農業政策，土地政策，そして税にかかわる財政政策といった，他の公共政策との環境政策統合◎が求められます。

主観性は，環境問題が社会問題として認識されにくいことに由来しています。そして，このことが個人としては合理的な行動をとったとしても，それらの個人によって構成される社会にとっては，非合理的な結果を招いてしまうことにつながります。これは**社会的ジレンマ**といわれるものであり，ごみ問題などの市場の失敗や，コモンズの悲劇などの共同体の失敗◎をもたらすものです。

以上のように，環境問題が厄介な問題になっていることは，市場の失敗，政府の失敗，そして共同体の失敗という，「失敗3きょうだい」がますます起こりやすくなっていることを意味するのです。

最後の動態性については，環境問題に特有なものがいくつかあります。その1つは，問題によっては不確実性をともなっていることです。もう1つは，問題が起こる空間スケールが異なること，そしてこれらの異なる空間スケールの問題が相互に関係するという，重層性◎を備えている場合もあることです。第**8**章で取り上げた気候変動は，最新の科学的知見を用いても不確実な部分があり，またローカルからグローバルに至るまで影響が及ぶ空間スケールも異なっており，さらにそれらが相互に関係しています。

環境ガバナンスとは何か

環境問題が厄介な問題になっている中で，**環境ガバナンス**が注目されてきました。ですから，環境ガバナンスは厄介な問題を解決するためにあることを，まずは確認しておきたいと思います。そのうえで，厄介な問題の解決のために，環境政策をよりよいものに変えていくことが，環境ガバナンスには求められています。先ほど述べたことを踏まえれば，持続可能な発展という政策目的へ向けて，環境政策統合を促していくことが必要になっているのです。

そして，環境問題に特有な不確実性や重層性も含めて，問題が厄介になることで現れやすくなっている，「失敗３きょうだい」を乗り越えるための仕組みづくりが重要になっています。具体的には，これらの失敗をできるだけ起こさないように市場，政府，そして共同体にかかわる仕組みをいかに変えていくのかが問われているのです。そのうえで，このような仕組みづくりを担うのは人や組織ですので，市場，政府，および共同体にかかわる主体の連携や協働が不可欠になります。

以上のことをまとめると，環境ガバナンスとは「持続可能な発展をめざして環境政策統合を促し，環境問題に特有な不確実性や重層性を踏まえて，市場の失敗，政府の失敗，そして共同体の失敗を乗り越えるために，多様な主体が連携し，協働しながら問題を解決すること」であるといえます。

ガバナンスにおける３つのモード

このように環境ガバナンスをとらえると，それは何やら一筋縄ではいかないもののように思えてしまいます。持続可能な発展も，環境政策統合も，「失敗３きょうだい」の克服も，そしてこれらのための多様な主体の連携や協働も，いずれも「大きなこと」ばかりのようで，物事がなかなか前へ進まないと感じる人もいるのではないでしょうか。

第２節で紹介した事例からも垣間見られるように，環境ガバナンスでは多様な主体がかかわっています。そこでは，それらの主体がさまざまな思いや考

CHART 表 10.1 ガバナンスにおける利害調整のモード

項目	ヒエラルキー	市場	ネットワーク
何に基づいて	権威	価格	信頼
どのような手法で	規則	インセンティブ	協働
どれくらい柔軟に	低い	高い	中くらい

（出所） Evans［2012］より一部修正。

えを抱えながら，一進一退しながら，物事を進めてきました。このように，さまざまな思いや考えを踏まえながら物事を進めることを，**利害調整**といいます。環境ガバナンスを含めて，ガバナンスと呼ばれる分野ではこのような利害調整に関心を持ってきました。

利害調整のやり方には，いくつかタイプがあります。これについて，ガバナンスではヒエラルキー，市場，およびネットワークという，3つのモード（様式）に注目してきました。これらのモードの間では，「何に基づいて」，「どのような手法で」，「どれくらい柔軟に」利害調整を行うのかという点において，**表 10.1** に示しているような違いがあります。

まず，ヒエラルキーがあります。ヒエラルキーは，ピラミッドのような階層性をともなった組織のことを意味し，このモードはとくに政府や昔ながらの大企業において見られます。そのような階層性の中では，上へ向かうほどより強い権威が与えられています。政府であれば内閣総理大臣，大企業であれば代表権のある社長などに，最も強い権威が与えられています。そして，この権威に基づいて，上位の者は自らが行いたいことを，下位の者に対して行わせているのです。

しかし，そのようなことが際限なく行われると，下位の者は不満を抱くでしょう。そこで，上位の者と下位の者との間で利害調整が必要になるのですが，ヒエラルキーではそれを規則によって行ってきました。また，組織が細分化されているヒエラルキーによる利害調整は，目的が明確である場合には円滑に進みます。しかし，目的が明確でない場合や，多様な目的が存在する場合は，利害調整がなかなか進みません。この点で，利害調整の柔軟さは低いといえます。

次に，市場があります。市場では生産者や消費者などのさまざまな主体が参加し，モノやサービスの取引を行っています。これらの取引が円滑に行われるためには，目印としての価格が必要です。そのうえで，市場では価格に基づく形で，生産者それぞれの利益を，また消費者それぞれの満足を，できるだけ大きくするインセンティブを与えることで利害調整が進みます。よって，利害調整の柔軟さは高くなります。

しかし，第**1**章で述べたように，環境のような価格では示すことができない（あるいは難しい）部分も含んでいるものの利害調整は，市場ではできない（もしくは不十分に終わる）ことになります。

最後に，ネットワークがあります。ネットワークは，共同体や地域コミュニティよりも広い範囲での「顔の見える関係」であり，そこでは信頼に基づいて利害調整が行われます。

共同体や地域コミュニティの場合では，「同じ土地」という地縁性や「先祖代々」という血縁性が，信頼や関係性の土台となってきました。他方でネットワークの場合では，「同じ目的」というミッションや「同じ思い」というパッションが信頼や関係性の土台となり，そのうえで協働しながらこれらのミッションやパッションを具体化させる中で，利害調整が進んでいきます。

ただし，最初からミッションやパッションが完全に一致しているわけではありません。また，互いが抱えるいろいろな事情によって，途中で協働が進まなくなることもあります。ですから，利害調整の柔軟さはヒエラルキーと市場との間にあるとされています。

ガバナンスの歴史をひもとく

それでは，3つのモードの中でどれが中心的な位置を占めてきたのでしょうか。これを考えるにあたって，第二次世界大戦後におけるガバナンスの歴史をひもといてみましょう。

第二次世界大戦後において，先進国の多くが高度経済成長を遂げました。そして，その中で政府の役割も大きくなり，また政府への信頼も高いものがありました。政府が用いるモードはヒエラルキーですので，このような高度経済成長の時代におけるモードの中心はヒエラルキーでした。ところが，1970年代に相次いだオイルショックによって，多くの先進国において経済成長が滞る中

Column ⑪ 「ガバナンスの時代」における仕事像

ガバナンスの時代では，環境問題をはじめとした社会問題を多様な主体が連携し，協働しながら解決していくことが求められます。そこでは，一筋縄ではいかない厄介な問題を相手に，自分に何ができるのかを考え，いろいろな立場に思いをはせながら，自分ができる（あるいは自分だからこそできる）アクションを起こしていくことが大事になってきます。

筆者たちは仕事柄，いろいろな公務員に出会ってきました。その中で，現場へ積極的に出ている公務員は，「ネットワークに埋め込まれて」仕事をしていることを感じます。それぞれの現場で，誰がキーパーソンなのか，そしてそれらのキーパーソンがどのような人とつながりを持っているのかを，よく知っているのです。また，公務員が現場のキーパーソンの１人となり，陰に日向に，ネットワークをつなぐ役割を果たしている場合もあります。さらに，NPO のスタッフとして，「もう１つの名刺」を持っている公務員も珍しくありません。

筆者たちが出会ってきた公務員は，全体から見ればほんのわずかな数です。しかし，それらの経験からも，ガバナンスの時代における仕事には，「どのような立場であっても，自分勝手に『境界』をつくらない」ことが必要であると感じてきました。そして，公務員という仕事に限らず，他の仕事でもそのような姿勢を持っていることが，やがて「みんなでアクション」をもたらす原動力になるのです。

で，政府の役割に陰りが見られるようになります。

やがて，政府の失敗が声高に言われるようになり，1980 年代には，ヒエラルキーから市場へのモードの転換が求められるようになります。具体的には，公共サービスの担い手を，これまでの政府から企業へと変えるための規制緩和や民営化が行われました。さらに，企業の経営手法を政府に活用するニュー・パブリック・マネジメント（NPM）も，世界各国に大きな影響を及ぼしました。

しかし，モードの転換先は市場だけに求められたわけではありませんでした。1990 年代はネットワークにも注目が集まるようになったからです。その背景は２つあります。その１つは，地球環境問題を例として，各国の政府だけでは対応できないグローバルな問題が現れてきたことです。ここにおいては，国際的なNGOが連携しながら各国の政府に働きかけることで，問題の解決に向けて大きな役割を果たしました。1992年の地球サミットでも，国際的な環境NGOの活躍はめざましいものがありました。

もう1つは，このようなグローバルな動きに合わせる形で，ヨーロッパだけでなく日本にも広がった地方分権の動きです。地方分権は，国から自治体へ権限や財源を移すことで，「地域の問題は地域で解決する」ことを促すものです。しかし，日本もそうですが，少子高齢化が進み，また自治体も厳しい財政状況にあるところが多い中で，自治体や従来の共同体だけでは，地域の問題を解決することが難しくなってきました。そこで，地域で活動するNPOが新たな主体として現れ，これらのNPOとの協働が重要になってきているのです。

以上のことから，1970年代までヒエラルキーが中心であったモードが，80年代からは市場へ，さらに90年代からはネットワークへと転換が求められるようになってきたことがわかります。

ガバナンスの失敗とメタ・ガバナンス

環境問題も厄介な問題になる中で，ヒエラルキーのみで利害調整を行うことが限界を迎えていることは明らかです。しかし，それではヒエラルキーから市場やネットワークへとモードの転換を進めさえすれば，問題を解決することができるのでしょうか。残念ながら，それはNOです。なぜなら，すでに述べたように，市場もネットワークも，いずれも利害調整において不十分なところがあるからです。

このように，いずれかのモードのみに頼ったガバナンスは利害調整がうまくいかなくなります。これを**ガバナンスの失敗**と呼びます。「失敗3きょうだい」どころか，これにガバナンスの失敗が加わることで，「失敗4きょうだい」になってしまうのです。それでは，ガバナンスの失敗を避けるためには，どうすればよいのでしょうか。

ポイントは，ヒエラルキー，市場，そしてネットワークという3つのモードの組み合わせを柔軟に調整していくことです。このようなモードの調整は，**メタ・ガバナンス**と呼ばれます。メタ・ガバナンスについてもいろいろな論点がありますが，なかでも重要なのは誰がメタ・ガバナンスの担い手（メタ・ガバナー）になるのかということです。これについては，政府以外の役割を重視する考え方と，ここにおいても政府の役割を重視する考え方があります。

このうち，前者については**中間支援組織**が注目されてきました。中間支援組織とは多様な主体の間をつなぐ組織のことであり，とくにNPOの分野で取り上げられてきました。NPOについては，それぞれ個性的なミッションやパッションを持っていますが，これらを問題の解決につなげるにあたっては，資金，人材，および情報などの点で不足しているところも多いのです。そこで，これらの不足を補うために，中間支援組織がNPOと政府や企業などとの間で橋渡し役を果たし，協働を促してきたのです。また，NPOが中間支援組織となっている場合もあり，第2節で触れた熊本地域の地下水保全の事例もその1つです。

他方で，後者についてはガバナンスの中で政府の役割が変化していることが注目されています。ここにおいて，キーワードとなるのが**条件整備**です。たとえば，第**6**章で取り上げた再生可能エネルギーを例にとると，政府自らが公共施設に太陽光発電のためのソーラーパネルを設置することや，メガソーラーの建設にともなう乱開発を防ぐために規制をすることも重要です。しかし，これからの政府には，市場やネットワークを通して，再生可能エネルギーの担い手がどんどん現れてくるための「土台づくり」を行うことが，ますます求められます。日本においても，国による固定価格買取制度◎や，再生可能エネルギーの普及に熱心に取り組む自治体において相次いで設けられてきた条例などは，条件整備を担っている政府の1つの姿としてとらえることができます。

時代ごとに変化していく問題に対して，3つのモードの組み合わせを柔軟に調整していくこと，そしてその現れとして今，中間支援組織や政府の役割における条件整備が重要になってきていること，これらのことがまさに第2節の熊本地域の地下水保全の事例で述べた，ガバナンスも変わることを意味しているのです。

THINK

① あなたが関心のある環境問題が，どれくらい厄介な問題になっているのかについて，この章で取り上げた 4 つの特徴に即して考えてみよう。

② 3 つのモードを，環境政策における政策手段の分類（第 **1** 章図 1.4）に照らし合わせながら整理したうえで，これからの環境ガバナンスにおいて求められるモードの組み合わせ方について考えてみよう。

③ メタ・ガバナーとしての中間支援組織や条件整備の役割を果たす政府が抱える課題について，地域で活動している NPO や自治体の事例をあげながら考えてみよう。

さらに学びたい人のために　Bookguide

Bevir, M. [2012] *Governance: A Very Short Introduction*, Oxford University Press.（野田牧人訳『ガバナンスとは何か』NTT 出版，2013 年）

→ガバナンスという言葉は，いろいろな分野において，異なる意味で使われてきました。そのような中で，改めて「ガバナンスとは何か」を理解するための 1 冊として。

松下和夫［2002］『環境ガバナンス』岩波書店

→環境ガバナンスに関する入門書。環境ガバナンスについて，日本の環境問題の歴史や，ガバナンスにかかわる政府，企業，NGO・NPO の役割などから，わかりやすく述べられています。

的場信敬・平岡俊一・豊田陽介・木原浩貴［2018］『エネルギー・ガバナンス――地域の政策・事業を支える社会的基盤』学芸出版社

→再生可能エネルギーは，環境ガバナンスの考え方が積極的に取り入れられている分野の 1 つですが，ヨーロッパ諸国や日本の事例を通して，その最新の状況が把握できる本です。

引用・参考文献

地域から考えるために

現場からの見取り図

植田和弘［2007］「環境政策の欠陥と環境ガバナンスの構造変化」松下和夫編著『環境ガバナンス論』京都大学学術出版会，所収
武内和彦・住明正・植田和弘［2002］『環境学序説』岩波書店
中村剛治郎［2004］『地域政治経済学』有斐閣
華山謙［1972］「ゴミ収集車同乗記」『環境と公害』第1巻第3号，28～37頁
宮本憲一・淡路剛久編［2014］『公害・環境研究のパイオニアたち――公害研究委員会の50年』岩波書店

環境と経済をつかむ

「価格のつかない価値物」のとらえ方

植田和弘［1996］『環境経済学』岩波書店
植田和弘・落合仁司・北畠佳房・寺西俊一［1991］『環境経済学』有斐閣
長谷川公一［2004］『紛争の社会学』放送大学教育振興会
藤田香［2016］「環境と財政――環境保全を実現する税制度・公共政策」植田和弘・諸富徹編『テキストブック現代財政学』有斐閣，所収
宮本憲一［2014］『戦後日本公害史論』岩波書店
諸富徹・浅野耕太・森晶寿［2008］『環境経済学講義』有斐閣

公害という原点

被害から始まる環境問題

荒畑寒村［1999］『谷中村滅亡史』岩波書店（岩波文庫）
イタイイタイ病対策協議会結成50周年記念誌編集委員会編著［2016］『イタイイタイ病――世紀に及ぶ苦難をのり越えて』イタイイタイ病対策協議会
宇井純編［1985］『技術と産業公害』国際連合大学
梅林宏道［2017］『在日米軍――変貌する日米安保体制』岩波書店（岩波新書）
栗原彬編［2000］『証言 水俣病』岩波書店（岩波新書）
東海林吉郎・菅井益郎［2014］『通史・足尾鉱毒事件 1877～1984（新版）』世織書房
原田正純［1985］『水俣病は終わっていない』岩波書店（岩波新書）
水俣フォーラム編［2018］『水俣へ――受け継いで語る』岩波書店

宮本憲一［1973］『地域開発はこれでよいか』岩波書店（岩波新書）
宮本憲一編［1977］『公害都市の再生・水俣』筑摩書房
宮本憲一［2014］『戦後日本公害史論』岩波書店
除本理史［2016］『公害から福島を考える――地域の再生をめざして』岩波書店
除本理史・林美帆編著［2013］『西淀川公害の40年――維持可能な環境都市をめざして』ミネルヴァ書房

廃棄物はどこへ向かうのか

大量廃棄社会から循環型社会へ

植田和弘［1992］『廃棄物とリサイクルの経済学』有斐閣
大川真郎［2001］『豊島産業廃棄物不法投棄事件――巨大な壁に挑んだ25年のたたかい』日本評論社
河北新報報道部［1990］『東北ゴミ戦争――漂流する都市の廃棄物』岩波書店
環境省［2018a］『平成30年版環境白書・循環型社会白書・生物多様性白書』
http://www.env.go.jp/policy/hakusyo/h30/index.html（2019年1月9日最終閲覧）
環境省［2018b］「エコタウンの歩みと発展」
https://www.env.go.jp/recycle/ecotown_pamphlet.pdf（2018年10月17日最終閲覧）
環境省大臣官房廃棄物・リサイクル対策部［2017］「平成28年度廃棄物の広域移動対策検討調査及び廃棄物等循環利用量実態調査報告書（広域移動状況編・平成27年度実績）」
https://www.env.go.jp/recycle/report/h29-10/01.pdf（2019年2月11日最終閲覧）
クネーゼ，A.［1974］「ファウスト的取引き」『公害研究』第4巻第1号，2～10頁
柴田徳衛［1961］『日本の清掃問題――ゴミと便所の経済学』東京大学出版会
関耕平［2006］「不法投棄の『負の遺産』と財政負担――原状回復事業の実態分析」日本地方財政学会編『持続可能な社会と地方財政』勁草書房，所収
玉野井芳郎［1978］『エコノミーとエコロジー――広義の経済学への道』みすず書房
細田衛士［2012］『グッズとバッズの経済学――循環型社会の基本原理（第2版）』東洋経済新報社
八木信一［2004］『廃棄物の行財政システム』有斐閣
山谷修作［2018］「全国市区町村の家庭ごみ有料化実施状況（2018年10月現在）」
http://www2.toyo.ac.jp/~yamaya/zenkokushikuchoson_yuryoka_1811.pdf（2019年2月8日最終閲覧）
吉田文和［1979］「マルクスのStoffwechsel論」『経済学研究』第29巻第2号，477～496頁

農が育む環境

農村を持続可能にすること

入谷貴夫［2018］『現代地域政策学――動態的で補完的な内発的発展の創造』法律文化社
大沼あゆみ・山本雅資［2009］「兵庫県豊岡市におけるコウノトリ野生復帰をめぐる経済分析――コウノトリ育む農法の経済的背景とコウノトリ野生復帰がもたらす地域経済への効

果」『三田学会雑誌』第 102 巻第 2 号，191〜211 頁
小田切徳美［2014］『農山村は消滅しない』岩波書店（岩波新書）
小田切徳美・尾原浩子［2018］『農山村からの地方創生』筑波書房
関耕平・北垣由香［2011］「『担い手』支援と自治体農政の地域的展開——島根県下の公的セクターによる農家への支援・農業参入を事例に」『山陰研究』第 4 号，1〜21 頁
祖田修［2000］『農学原論』岩波書店
武内和彦・鷲谷いづみ・恒川篤史編［2001］『里山の環境学』東京大学出版会
田中輝美［2017］『関係人口をつくる——定住でも交流でもないローカルイノベーション』木楽舎
玉野井芳郎［1978］『エコノミーとエコロジー——広義の経済学への道』みすず書房
西川潮［2015］「佐渡世界農業遺産における生物共生農法への取り組み効果」『日本生態学会誌』第 65 巻第 3 号，269〜277 頁
広井良典［2005］『ケアのゆくえ 科学のゆくえ』岩波書店
藤本晴久［2018］「島根県の農業構造分析——2005〜2015 年農林業センサスを中心に」『経済科学論集』第 44 号，101〜119 頁
藤山浩編著［2018］『「循環型経済」をつくる——図解でわかる 田園回帰 1% 戦略』農山漁村文化協会
守田志郎［1975］『村の生活誌』中央公論社（中公新書）

みんなの資源を守れるのか

あなたの身近なコモンズ

井上真［2001］「自然資源の共同管理制度としてのコモンズ」井上真・宮内泰介編『コモンズの社会学——森・川・海の資源共同管理を考える』新曜社，所収
井上真［2004］『コモンズの思想を求めて』岩波書店
帯谷博明［2004］『ダム建設をめぐる環境運動と地域再生——対立と協働のダイナミズム』昭和堂
帯谷博明［2010］「『森は海の恋人』運動と地域社会」『奈良女子大学地理学・地域環境学研究報告』第 7 号，85〜94 頁
戒能通孝［1964］『小繋事件』岩波書店（岩波新書）
鬼頭秀一［1996］『自然保護を問い直す——環境倫理とネットワーク』筑摩書房（ちくま新書）
神野直彦［2007］『財政学（改訂版）』有斐閣
高村学人［2015］「土地・建物の過少利用問題とアンチ・コモンズ論——デトロイト市のランドバンクによる所有権整理を題材に」『論究ジュリスト』第 15 号，62〜69 頁
田村典江［2014］「海を創る，森を創る——漁民の森づくりと地域管理」三俣学編著『エコロジーとコモンズ——環境ガバナンスと地域自立の思想』晃洋書房，所収
濱田武士［2016］『魚と日本人——食と職の経済学』岩波書店（岩波新書）
室田武・三俣学［2004］『入会林野とコモンズ』日本評論社
茂木愛一郎［2014］「北米コモンズ論の系譜——オストロムの業績を中心に」三俣学編著『エコロジーとコモンズ——環境ガバナンスと地域自立の思想』晃洋書房，所収
Feeny, D., F. Berkes, B. J. McCay and J. M. Acheson［1990］"The Tragedy of the Commons: Twenty-Two Years Later," *Human Ecology*, Vol. 18, No. 1, pp. 1–19.

Hardin, G. [1968] "The Tragedy of the Commons," *Science*, No. 162, pp. 1243-1248.
Ostrom, E. [1990] *Governing the Commons: The Evolution of Institutions for Collective Action*, Cambridge University Press.

エネルギー自治を求めて

地域でつくる再生可能エネルギー

上園昌武 [2017]「地球温暖化対策とエネルギー貧困対策の政策統合――ドイツの省エネ診断制度を事例に」『経済科学論集』第 43 号，63～85 頁
上園昌武・菊池慶之・片岡佳美・吹野卓・関耕平・伊藤勝久 [2016]『島根の原発・エネルギー問題を問いなおす』今井印刷
大島堅一 [2011]『原発のコスト――エネルギー転換への視点』岩波書店（岩波新書）
奥島真一郎 [2017]「『エネルギー貧困』・『エネルギー脆弱性』・『エネルギー正義』――日本における現状と課題」『科学』第 87 巻第 11 号，1019～1027 頁
春日隆司 [2013]「自治体先進施策紹介 人が輝く森林未来都市しもかわの挑戦」『地方財政』第 52 巻第 2 号，198～215 頁
鎌田慧・斉藤光政 [2011]『ルポ 下北核半島――原発と基地と人々』岩波書店
原子力市民委員会 [2017]「原発ゼロ社会への道 2017――脱原子力政策の実現のために」http://www.ccnejapan.com/?page_id=8000（2018 年 10 月 5 日最終閲覧）
清水修二 [2011]『原発になお地域の未来を託せるか――福島原発事故－利益誘導システムの破綻と地域再生への道』自治体研究社
千葉大学倉阪研究室・環境エネルギー政策研究所 [2018]「永続地帯 2017 年度版報告書」https://www.isep.or.jp/archives/library/10867（2019 年 2 月 12 日最終閲覧）
永末十四雄 [1973]『筑豊――石炭の地域史』日本放送出版協会
永田恵十郎 [1988]『地域資源の国民的利用』農山漁村文化協会
舩橋晴俊・長谷川公一・飯島伸子 [2012]『核燃料サイクル施設の社会学――青森県六ヶ所村』有斐閣
室田武 [2006]『エネルギー経済とエコロジー』晃洋書房
諸富徹編著 [2015]『再生可能エネルギーと地域再生』日本評論社
八木信一 [2015]「再生可能エネルギーの地域ガバナンス――長野県飯田市を事例として」諸富徹編著『再生可能エネルギーと地域再生』日本評論社，所収

まちづくりとアメニティ

景観を守ること・創ること

石原武政・西村幸夫編 [2010]『まちづくりを学ぶ――地域再生の見取り図』有斐閣
伊多波良雄 [2010]「コンジョイント分析による京都市の景観の経済評価」『經濟學論叢』第 61 巻第 3 号，473～490 頁
伊藤修一郎 [2006]『自治体発の政策革新――景観条例から景観法へ』木鐸社
植田和弘 [1998]『環境経済学への招待』丸善（丸善ライブラリー）

京都市都市計画局［2007］「新景観政策　時を超え光り輝く京都の景観づくり」
http://www.city.kyoto.lg.jp/tokei/cmsfiles/contents/0000015/15198/20070723-01.pdf（2017年9月5日最終閲覧）
栗山浩一・柘植隆宏・庄子康［2013］『初心者のための環境評価入門』勁草書房
佐々木一成［2011］『地域ブランドと魅力あるまちづくり――産業振興・地域おこしの新しいかたち』学芸出版社
高津融男［2011］「コモンズとしての商店街の持続可能性――長浜市の株式会社黒壁を中心とする商店街活性化を事例として」『奈良県立大学研究季報』第22巻第1号，21～46頁
田中道雄・白石善章・濱田恵三編著［2012］『地域ブランド論』同文舘出版
寺西俊一［2000］「アメニティ保全と経済思想――若干の覚え書き」環境経済・政策学会編『アメニティと歴史・自然遺産』東洋経済新報社，所収
西村幸夫［2004］『都市保全計画――歴史・文化・自然を活かしたまちづくり』東京大学出版会
牧野光朗編著［2016］『円卓の地域主義――共創の場づくりから生まれる善い地域とは』事業構想大学院大学出版部
宮本憲一［2007］『環境経済学（新版）』岩波書店
八木信一・荻野亮吾・諸富徹［2017］「関係性のなかで自治制度を捉える――長野県飯田市の地域自治組織を事例として」『地方自治』第835号，2～23頁

グローバルとローカルをつなぐ

地域からの持続可能な発展

植田和弘［2015］「持続可能な発展論」亀山康子・森晶寿編『グローバル社会は持続可能か』岩波書店，所収
遠藤環・後藤健太［2018］「インフォーマル化するアジア――アジア経済のもう1つのダイナミズム」遠藤環・伊藤亜聖・大泉啓一郎・後藤健太編『現代アジア経済論――「アジアの世紀」を学ぶ』有斐閣，所収
大野輝之［2013］『自治体のエネルギー戦略――アメリカと東京』岩波書店（岩波新書）
蟹江憲史編著［2017］『持続可能な開発目標とは何か――2030年へ向けた変革のアジェンダ』ミネルヴァ書房
金太宇［2017］『中国ごみ問題の環境社会学――〈政策の論理〉と〈生活の論理〉の拮抗』昭和堂
全国地球温暖化防止活動推進センター［2013］「IPCC第5次評価報告書特設ページ」http://www.jccca.org/ipcc/about/index.html（2017年11月25日最終閲覧）
細田衛士・染野憲司［2014］「中国静脈ビジネスの新しい展開」『経済学研究』第63巻第2号，159～173頁
松下和夫［2010］「持続可能性のための環境政策統合とその今日的政策含意」『環境経済・政策研究』第3巻第1号，21～30頁
馬奈木俊介編著［2017］『豊かさの価値評価――新国富指標の構築』中央経済社
馬奈木俊介・池田真也・中村寛樹［2016］『新国富論――新たな経済指標で地方創生』岩波書店（岩波ブックレット）
道田悦代［2010］「再生資源循環の国際化と政策課題」小島道一編『国際リサイクルをめぐる

制度変容――アジアを中心に』日本貿易振興機構アジア経済研究所，所収
諸富徹編著［2009］『環境政策のポリシー・ミックス』ミネルヴァ書房
Broto, V. C. and H. Bulkeley［2013］"A Survey of Urban Climate Change Experiments in 100 Cities," *Global Environmental Change*, No. 23, pp. 92–102.

インフラを造り替える

未来への投資

宇都宮浄人［2015］『地域再生の戦略――「交通まちづくり」というアプローチ』筑摩書房（ちくま新書）
金澤史男編著［2002］『現代の公共事業――国際経験と日本』日本経済評論社
川名英之［2014］『世界の環境問題――第 10 巻 日本』緑風出版
白井信雄［2018］『再生可能エネルギーによる地域づくり――自立・共生社会への転換の道行き』環境新聞社
西岡秀三［2011］『低炭素社会のデザイン――ゼロ排出は可能か』岩波書店（岩波新書）
根本祐二［2011］『朽ちるインフラ』日本経済新聞出版社
原科幸彦編著［2000］『環境アセスメント（改訂版）』放送大学教育振興会
宮本憲一［2007］『環境経済学（新版）』岩波書店
諸富徹［2018］『人口減少時代の都市』中央公論新社（中公新書）
八木信一［2016］「公共投資と財政――公共投資・公共事業を支える制度とその転換」植田和弘・諸富徹編『テキストブック現代財政学』有斐閣，所収

ガバメントからガバナンスへ

みんなでアクション

秋吉貴雄［2017］『入門 公共政策学』中央公論新社（中公新書）
植田和弘［2007］「環境政策の欠陥と環境ガバナンスの構造変化」松下和夫編著『環境ガバナンス論』京都大学学術出版会，所収
大元鈴子・佐藤哲・内藤大輔編［2016］『国際資源管理認証――エコラベルがつなぐグローバルとローカル』東京大学出版会
柴崎達雄編著［2004］『農を守って水を守る――新しい地下水の社会学』築地書館
新川達郎［2004］「パートナーシップの失敗――ガバナンス論の展開可能性」『年報行政研究』第 39 号，26～47 頁
新川達郎［2016］「メタガバナンス論の展開とその課題――統治の揺らぎとその修復をめぐって」『季刊行政管理研究』第 155 号，3～12 頁
八木信一［2013］「見沼田圃公有地化推進事業――その経緯と現状」『農業と経済』第 79 巻第 11 号，99～105 頁
八木信一［2015］「再生可能エネルギーの地域ガバナンス――長野県飯田市を事例として」諸富徹編著『再生可能エネルギーと地域再生』日本評論社，所収
八木信一・武村勝寛［2015］「地下水保全をめぐるガバナンスの動態――熊本地域を事例とし

て」『水利科学』第58巻第6号，1～27頁
Evans, J. P.［2012］*Environmental Governance*, Routledge.

事項索引

＊太字の項目はKEY WORDS，太字の数字は掲出ページです。

● 数字・アルファベット

● あ　行

● か　行

● さ　行

● た　行

● な　行

● は　行

● ま 行

● や 行

● ら 行

● わ 行

地名索引

人名索引

地域から考える環境と経済――アクティブな環境経済学入門

Thinking about Environment and Economy from Local Sustainability

2019年 3月30日　初版第1刷発行
2024年11月10日　初版第2刷発行

著　者　八木信一（やつき しんいち）
　　　　関　耕平（せき こうへい）

発行者　江草貞治

発行所　株式会社 有斐閣
郵便番号 101-0051
東京都千代田区神田神保町 2-17
https://www.yuhikaku.co.jp/

印刷・大日本法令印刷株式会社／製本・大口製本印刷株式会社

★定価はカバーに表示してあります。

ISBN 978-4-641-15067-6